Abhandlungen
der Bayerischen Akademie der Wissenschaften
Mathematisch - naturwissenschaftliche Abteilung
XXX. Band, 8. Abhandlung

Ein neuer Fund von Pleurosaurus
aus dem Malm Frankens

von

F. Broili

mit 5 Tafeln und 11 Textfiguren.

Vorgetragen in der Sitzung vom 6. Februar 1926

München 1926
Verlag der Bayerischen Akademie der Wissenschaften
in Kommission des Verlags R. Oldenbourg (München)

Erhaltungszustand.

Das Pleurosaurus-Skelett, dem die nachfolgende Beschreibung zu Grunde liegt, wurde im Herbst 1924 in den lithographischen Schiefern des oberen Malm bei Sappenfeld unweit Eichstätt gefunden und durch freundliche Vermittlung des Herrn W. Grimm, dessen rastlosem Sammeleifer die Wissenschaft so vieles zu verdanken hat, der Staatssammlung für Paläontologie und historische Geologie zum Kauf angeboten. Derselbe konnte im Hinblick auf den absolut unzureichenden Haushalt zunächst nicht abgeschlossen werden. Erst im Laufe des Sommers war es Dank einer großherzigen, von Herrn Geheimrat Dr. Weithofer eingeleiteten Unterstützung und einem staatlichen Zuschuß möglich, den kostbaren Fund zu erwerben (18. I. 25 Acqu. Cat.); Herrn Geheimrat Dr. Weithofer sei auch an dieser Stelle nochmals der herzlichste Dank der Staatssammlung zum Ausdruck gebracht.

Das Stück ist vor allem deshalb so wertvoll, weil es, abgesehen von seiner ausgezeichneten Erhaltung, das erste nahezu vollständige Skelett der Gattung Pleurosaurus aus dem oberen Jura *(Zone der Oppelia lithographica = unteres Portland)* von Franken ist. Ferner bildet es durch seine Rückenlage eine wichtige Ergänzung zu dem bisher besterhaltenen Angehörigen der Gattung, der in Bauchlage in Cerin (Dept. Ain) an der Rhône im oberen Kimmeridge gefunden und von Lortet[1] beschrieben wurde.

Der Kopf und Rumpf einschließlich der vorderen Schwanzwirbel kehren dem Beschauer die Bauchseite dar, der hintere Teil des Schwanzes befindet sich in Seitenlage und zwar so, daß er seine rechte Flanke darbietet.

Das 1 m 52 cm lange Skelett ist stark in sich gekrümmt, der größere Teil des Rumpfes nebst Becken bildet mit dem Schädel und der vorderen Rumpfregion nahezu einen rechten Winkel, der Schwanz beschreibt einen weiten, gegen den Schädel zu konkaven Bogen.

Der Zusammenhang des Skeletts ist dreimal gestört; einmal an zwei Kluftflächen, von denen die eine schräg von vorne nach hinten durch den Rumpf läuft, während die zweite quer durch die Beckengegend auf die erste beinahe rechtwinklig zustreicht. Während aber bei der ersteren der direkte gegenseitige Anschluss gewahrt bleibt, ist die zweite Kluft breiter. Indessen kann man den Fehlbetrag, um den die beiden Skeletthälften von einander getrennt sind, gut aus den durch die Kluft von einander getrennten pro-

---

[1] Lortet L., Les reptiles fossiles du bassin du Rhône. Archives du Muséum d'histoire nat. de Lyon. t. V. Lyon 1892. S. 80 etc.

1*

4

ximalen und distalen Teilen des linken Oberschenkels errechnen, da der andere Femur
völlig intakt jenseits der Kluft liegt. Beide Kluftflächen zeigen deutliche Auswaschungs-
erscheinungen. Die dritte Störung ist durch die Nachlässigkeit des Finders veranlaßt, der
ein kleines Plattenfragment mit Skelettresten innerhalb der ersten Schwanzwirbel unbe-
achtet ließ.

Die Knochen selbst sind ausgezeichnet erhalten, besitzen die für die fränkischen Jura-
wirbeltiere durch nachträgliche Infiltration mit eisenhaltigen Lösungen bewirkte charakteristische Braunfärbung und ließen sich verhältnismäßig leicht durch die geschickte Hand
unseres Oberpräparators Herrn Spang vom Gesteinsmaterial befreien, sind aber fast vollständig in Kalkspat umgewandelt, sodaß bei der Präparation große Vorsicht geboten war.
Da außerdem an verschiedenen Stellen sich Teile der Hautbedeckung in Gestalt von
Schuppen erhielten, verbietet es sich leider, von dem schönen Fund Gipsabgüsse anzufertigen.

Ferner trifft man an verschiedenen Stellen des Skeletts weißliche weichere Massen
von versteinertem Muskelfleisch, auf welche Erscheinung bei Pleurosaurus bereits H. von
Meyer[1] hinwies. O. M. Reis[2] untersuchte dasselbe histologisch in seiner grundlegenden
Arbeit über die Petrifizierung der Muskulatur.

Die schlaff am Körper herunterhängenden Vorder- und Hinterextremitäten beweisen,
daß das Tier bereits in totem Zustand eingebettet wurde. Dies muß aber sehr bald
nach dem Tode erfolgt und rasch vor sich gegangen sein, da alle Teile — abgesehen von
geringfügigen Verschiebungen innerhalb der vorderen Schwanzwirbel — mehr oder weniger
vollständig den ursprünglichen Zusammenhang gewahrt haben. Für die Annahme, daß das
Tier bei der Einbettung noch intakt war, ebenso wie für raschen Hergang der Einbettung,
ohne daß vorher ein Zerfall eintrat, spricht auch der Umstand, daß der Umriß der
Weichteile sich im Abdruck vom Kopf bis zur Schwanzspitze erhalten hat, und
sich jederseits in Form einer deutlichen Kante gegen das Muttergestein abhebt. Wir erhalten dadurch einigen Aufschluß über die Körperform. Die Breite zwischen diesen
beiden Seitenkanten, die für die ursprünglichen Verhältnisse mit Rücksicht auf die
durch den Gebirgsdruck hervorgerufene Verbreiterung nur um einen geringen Betrag reduziert werden dürfte, beträgt für den Rumpf über dem Schultergürtel fast 5 cm,
für seine Mitte 6 cm und über dem Becken ca. 7—8 cm.

Da der spitz auslaufende Schwanz sich in Seitenlage befindet, bedeutet das ablesbare
Maß die Schwanzhöhe, dieselbe ist beim Beginn der fortlaufenden Schwanzwirbelserie
ca. 5,2 cm, in der Mitte derselben 4,4 cm, um dann ganz langsam bis vor die hintersten
Wirbelchen auf 1 cm herunterzugehen.

Innerhalb der Schwanzregion ist zu beachten, daß die Wirbelsäule sich nicht in der
Mitte der beiden Körperabdruckkanten hält, sondern daß die Dornfortsätze mit ihren Spitzen
die Dorsalkante berühren, während die unteren Bogen relativ weit von der Ventralkante
weggerückt erscheinen; die Wirbelsäule hat sich sekundär offenbar gegen die Dorsalkante
verschoben, — erst gegen die Schwanzspitze zu befinden sich die Wirbel ungefähr in der
Mitte zwischen Ventral- und Dorsalkante.

[1] H. v. Meyer, Pleurosaurus Goldfussi aus dem Kalkschiefer von Daiting. Beiträge zur Petre-
faktenkunde 1839, S. 56.

[2] Reis O. M., Untersuchungen über die Petrifizierung der Muskulatur. Archiv für mikroskopische
Anatomie 41, Bd. 3, 1893. S. 523.

Die Ventralkante und im schwächeren Maße auch die Dorsalkante des Abdrucks der Schwanzregion zeigt einen eigentümlich wellenförmigen Verlauf in Gestalt von Aus- und Einbiegungen vom und zum Körper. Auch an den beiden Lateralkanten des Rumpfes macht sich diese Wellung bemerkbar. Diese wellenförmigen Aus- und Einbiegungen werden durch seichte Dellen und Furchen veranlaßt, welche durch schwache Erhebungen von einander getrennt werden.

Man könnte diese Erhebungen vielleicht mit den von Dames[1]) gleichfalls bei Pleurosaurus am Körperabdruck beobachteten Streifen in Beziehung bringen, welche dieser Autor als Myocommata deutet, die nach Reis[2]) aber wahrscheinlicher auf die Ausfüllung der Myocommata-Furchen zwischen der verkalkten Muskulatur zurückzuführen sind. Da die gegenseitigen Abstände der Erhebungen — diese kämen nach Reis als Ausfüllung der Myocommata-Furchen in Frage — aber nicht regelmäßig und ferner ihre Grenzen im Gegensatz zu den scharf umrissenen Streifen an der Körperkante des Pleurosaurus bei Dames, hier recht undeutlich sind, so glaube ich eine diesbezügliche Deutung ablehnen zu müssen und halte es für wahrscheinlicher, daß diese Wellung durch Kontraktionserscheinungen veranlaßt ist.

Der Schädel.

Tafel II.

Die Oberseite des Schädels hat Herr Oberpräparator Spang mit vieler Geschicklichkeit und Sorgfalt zum grossen Teile freilegen können. Während der postorbitale Schädelabschnitt kaum deformiert ist, hat der orbitale und namentlich der präorbitale durch den Gebirgsdruck derart starke Pressung erfahren, daß auf der rechten Seite Zähne des Unterkiefers innerhalb der Nasenöffnung sichtbar werden.

Im Anschluß an die schönen, grundlegenden Beobachtungen von Prof. D. M. S. Watson[3]) am Schädel von Pleurosaurus seien hier auf Grund des vorliegenden Materials noch einige Bemerkungen beigefügt. Das was unser Stück gegenüber allen anderen bekannten Schädeln der Gattung Pleurosaurus auszeichnet und was dem Beschauer sofort auffällt, ist der Besitz von Schuppen, die als ein dichtes Pflaster von wundervoller Erhaltung in der Augen- und Schläfenregion die Knochen noch überkleiden, freilich dabei die Suturen nicht so deutlich hervortreten lassen, wie das am Originale von Watson der Fall ist.

Der Schädel selbst hat eine spitz dreieckige Gestalt; die großen, nach den Seiten und oben gerichteten Augen liegen in der hinteren Schädelhälfte. Der Oberrand der einen großen Schläfengrube ist beiderseits bloßgelegt, er umrahmt eine ziemlich große rundlich ovale Öffnung. Als weiterer Schädeldurchbruch zeigt sich am Beginne der die beiderseitige Schläfenöffnung trennenden medianen Knochenbrücke ein länglich ovales Foramen parietale. Die zwei Nasenöffnungen, die durch Druck namentlich in ihrer äußeren Umrandung sehr gelitten haben, liegen weit zurück am Fuß der wulstartig

---

[1]) Dames W., Beitrag zur Kenntnis der Gattung Pleurosaurus H. v. Meyer. Sitzungsberichte d. k. pr. Akad. d. Wissensch. zu Berlin, 42. Bd. 1896. S. 3 (1109).

[2]) Reis O. M., Neues über petrifizierende Muskulatur etc. Archiv f. mikroskopische Anatomie und Entwicklungsgeschichte 52. 1898. S. 263 etc.

[3]) D. M. S. Watson, Pleurosaurus and the homologies of the bones of the temporal region of the lizard's skull. Annals and Magaz. of nat. History, Vol 14, 8. Ser. 1914. S. 84.

hervortretenden vorderen Augenbegrenzungen; in der rechten werden zwei Zähne des Unterkiefers sichtbar, in der linken zeigen sich vom Hinterrand ausgehend undeutlichere Reste, die vermutlich auch auf den Unterkiefer zurückzuführen sind. Druck hat auch den vor den Augen liegenden Schädelteil stark zerstört und in der Mittellinie die beiden Hälften von einander getrennt. Gesteinsmaterial und Kalkspat erfüllen diese trennende Spalte und setzten hier meinen Präparationsversuchen ein Ziel. Infolge dieser Umstände war es unmöglich, das von Watson[1]) erwähnte merkwürdige Foramen auf der Dorsalseite des Praemaxillare, welches nach seiner Figur auf der Mitte desselben liegt, festzustellen. Die Grenze der Nasalia gegen die Praemaxillaria läßt sich an der Hand der Feststellungen von Watson vermuten, ferner sind die beiden letzteren Elemente durch den Gebirgsdruck nicht nur von einander getrennt, sondern auch in der Mittellinie nach aufwärts gedreht

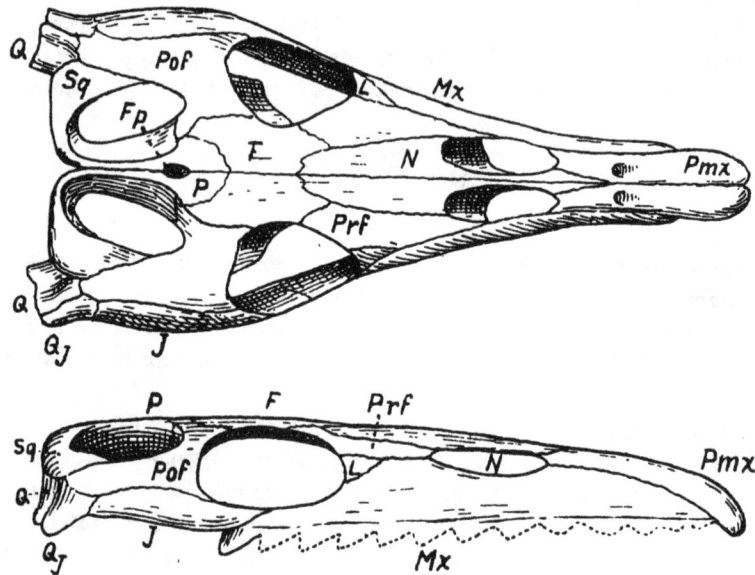

Figur 1.
Schädel von Pleurosaurus Goldfussi H. v. Meyer. Seiten- und Dorsalansicht umgez. nach Watson. Nat. Größe. Das Original ist im britischen Museum.
F = Frontale. Fp = Fo. parietale. J = Jugale. L = Lacrimale. Mx = Maxillare. N = Nasale. P = Parietale. Pmx = Praemaxillare. Pof = Postorbitofrontale. Prf = Praefrontale. Sq = Squamosum. Q = Quadratum. Qj = Quadratojugale.

worden, sodaß ihre inneren Seitenflächen sichtbar werden. An dem nicht vollständig freilegbaren Vorderrand derselben zeigt sich jederseits median ein spitz nach rückwärts auslaufender Knochen, von dem es sich nicht sagen läßt, ob er noch den Praemaxillaria angehört oder ob er auf die in die Höhe gepreßten Vomeres zurückzuführen ist.

Das Praefrontale ist ein großer Knochen. Dasselbe ist durch seinen wulstartig hervortretenden Hinterrand, welcher einen großen Teil der vorderen Begrenzung der Augen bildet, charakterisiert. Seine Grenzen gegen Nasale und Frontale sind undeutlich.

[1]) l. c. S. 91.

Das Lacrimale, nach Watson ein sehr kleines Element, welches auch einen Teil der vorderen Augenumrahmung bildet und zwischen Maxillare und Praefrontale eingekeilt ist, glaube ich auf der linken Schädelhälfte an der von Watson bezeichneten Stelle an der Hand schwacher Nahtspuren erkennen zu können.

Relativ gut ist das Frontale erhalten; es ist ein flacher Knochen, welcher die Augen von innen begrenzt, seine Nähte gegen das Postorbitofrontale sind gut, gegen das Parietale weniger gut zu sehen.

Die rückwärtige Umrahmung der Augen erfolgt durch einen einzigen Knochen, das Postorbitofrontale (= Postorbitale Watson)[1], da ein selbständiges Postfrontale nicht ausgebildet ist; dieses ist eine sehr stattliche Spange, welche die Augen- von der Schläfenlücke trennt. Sein Kontakt mit dem Frontale und Parietale ist namentlich gegenüber dem ersteren recht deutlich erkennbar und ebenso läßt sich beiderseits seine untere Grenze gegen das Jugale wohl beobachten. Der hintere Teil des Postorbitofrontale bildet auch den äußeren Rand der Schläfenlücke, wo es nach Watson die vorderen Teile von Squamosum und Quadratojugale überdeckt. Unser Schädel weist gerade an dieser Stelle beiderseits Beschädigungen auf, immerhin glaube ich auf Grund der Figur bei Watson die rückwärtige Sutur des Postorbitofrontale auf der rechten Seite erkennen zu können.

Das schmale Parietale mit seinem Partner beginnt vorne mit schildförmiger Verbreiterung zwischen Frontale und Postorbitofrontale, um dann stark verschmälert als steil abfallender Kamm zwischen den beiden Schläfenlücken nach hinten zu ziehen. Das tropfenförmige Foramen parietale liegt ungefähr in der Höhe des Vorderrandes der Schläfenöffnung. Die Grenze des Parietale gegen das Squamosum scheint in dem hinteren inneren Winkel der Schläfenöffnung zu liegen.

Aus dem Squamosum ist der rückwärtige Rahmenteil der Schläfenöffnung geformt; im übrigen sind die Grenzlinien dieses Schädelelementes gegen seine Nachbarn nirgends mit Sicherheit nachweisbar.

Die übrigen Knochen der hinteren Schädelbegrenzung sind undeutlich erhalten. Ein Supratemporale läßt sich nicht nachweisen.

Das Jugale konnte rechts nur in seinem oberen, an das Postorbitofrontale grenzenden Teil, links auch in seiner Grenze gegen das Maxillare freigelegt werden.

Das Maxillare, über das sich das Jugale legt, begrenzt — an der linken Schädelhälfte glückte die Präparation — teilweise die Augenöffnung von unten. Es trägt eine Reihe akrodonter, stumpf zugespitzter, kräftiger Zähne, welche an ihrer Basis dicht aneinander anschließen; ihr Vorderrand steigt allmählich an, ihr Hinterrand fällt mehr oder weniger senkrecht ab und ihre Oberfläche weist feine Längsrunzeln auf. Sie nehmen von vorne bis gegen die Mitte langsam an Größe zu, um sich dann rascher gegen rückwärts zu verkleinern. Die hintersten sind die kleinsten. Ihre Zahl beträgt auf jedem der beiden Kiefer 12. Nachdem der Vorderrand des linken Maxillare abgebrochen und jener des rechten stark beschädigt ist, ist es sehr leicht möglich, daß noch etliche Zähne vorhanden waren, und zwar der Länge des Kiefernrandes entsprechend wahrscheinlich 2—3.

---

[1] Nach Watson l. c. S. 95 ist das Postfrontale der Lacertilier sehr klein, offenbar im Verschwinden begriffen und stets von der Begrenzung der Schläfenöffnung ausgeschlossen.

An dem Exemplar ist leider die Spitze des Praemaxillare nicht erhalten; die Angabe Watsons, der hier einen plumpen Zahn vermutet im Gegensatz zu den Angaben von Dames[1]), welcher ausdrücklich von einem zahnlosen Zwischenkiefer spricht, konnte deshalb leider nicht nachgeprüft werden.

Was die Schädelunterseite betrifft, so verdecken die im Zusammenhang mit dem Schädel noch befindlichen beiden Unterkieferäste einen großen Teil derselben.

Das Basioccipitale ist ein relativ kräftiger Knochen, welcher noch mit dem Atlas in Verbindung steht und infolgedessen die Gelenkfläche nicht zeigt; es zeigt in der Mitte eine Einsenkung, welche breit nach rückwärts mündet, vorne aber in einer rinnenartigen Vertiefung zwischen den beiden mit gerundeter Spitze endenden Seitenwänden der Einsenkung ausläuft. An seiner rechten Seite wird ein zum Schädeldach strebender, nur unvollständig freigelegter Knochen sichtbar, der wahrscheinlich dem Exoccipitale· laterale angehört.

An das Basioccipitale schließt sich nach vorne ein ähnlich wie bei der Crocodiliern auffallend schwaches Basisphenoid an; wie bei dieser Reptilordnung liegt es auch hier nicht in der gleichen Ebene wie das Basioccipitale, sondern wendet sich nach abwärts gegen die Schädelkapsel; es ist eine schmale, dreiseitige und schwach gewölbte Knochenschuppe.

Über ihm heben sich die beiden Pterygoidea wieder empor, der hintere Flügel derselben ist scharf nach rückwärts und außen gerichtet und verschwindet jederseits unter dem Unterkiefer, der vordere Flügel wendet sich gerade nach vorne und umfaßt mit seinem Partner eine kleine, lanzettförmige Interpterygoidspalte. Vor derselben laufen die Pterygoidea in eine median leicht eingesenkte Platte aus. Eine Beteiligung von anderen Schädelelementen, etwa der Palatina, an der Zusammensetzung dieser Platte läßt sich aber infolge des Fehlens sicherer Suturen nicht feststellen. Vom hinteren Ende dieser Platte zieht jederseits eine schmale Knochenbrücke nach außen, um unter dem Unterkiefer zu verschwinden. Da auch an diesen Stellen Nähte nicht erkennbar sind, läßt es sich nicht mit Bestimmtheit sagen, ob hier ein selbständiges Transversum vorliegt.

Schädelmaße in cm.

Länge des Schädeldaches in der Mittellinie	ca. 8	cm
Breite „ „ am Schädelhinterrand	3,4	cm
„ „ „ über der Mitte der Schläfenlöcher	3,4	„
„ „ „ am Vorderrand der Augen . . .	2,3	„
„ „ „ „ der Nasenlöcher .	1,3	„
Länge der Schläfenlöcher	1,5	„
Größte Breite der Schläfenlöcher	0,9	„
Länge der Augenhöhlen	1,7	„
Interorbitale Breite . . . . , . . .	0,9	„

[1]) Dames W., Beitrag zur Kenntnis der Gattung Pleurosaurus. Sitzungsb. d. k. pr. Akad. d. Wiss. z. Berlin. **42.** Bd. 1896. S. 1110. (4).

Der Unterkiefer.

Tafel II Figur 2.

Die beiden Unterkieferäste sind noch im Zusammenhang mit dem Schädel, in den sie durch den Gebirgsdruck zwischen die zwei Oberkiefer so tief hineingepreßt sind, daß, wie oben schon gesagt wurde, einzelne Zähne des rechten Astes in der Nasenöffnung sichtbar werden und daß andererseits die Zahnspitzen der Oberkiefer ungefähr in das nämliche Niveau zu liegen kommen wie die Unterkieferunterränder. Es sind verhältnismäßig sehr kräftige Knochen, welche auf den freigelegten Teilen keinerlei Öffnungen für den Meckelschen Knorpel mehr zeigen und nach hinten allmählich an Stärke zunehmen; wie den Praemaxillaria fehlt auch ihnen das Vorderende. In der Symphyse legen sie sich 2,7 cm lang — bei einer Gesamtlänge des erhaltenen Unterkiefers von 9,3 cm — eng aneinander, um allmählich gegen die Schädelhinterecken zu divergieren. Auf dem rechten Dentale sind noch schwache Spuren von Schuppenabdrücken wahrzunehmen.

Der größte Teil der dem Beschauer jederseits die Außenfläche darbietenden Kieferhälfte wird vom Dentale eingenommen, das eine vom Unterrand nach oben allmählich schwächer werdende Längsriefung aufweist. Die letztere fehlt den sich ihm anschließenden Knochen, welche den rückwärtigen Abschluß des Unterkiefers bilden und vollkommen glatt sind.

An den Unterrand des Dentale legt sich ein spitz dreiseitig ansetzender, allmählich sich aber verbreiternder und das Dentale immer mehr vom Unterrand zurückdrängender Knochen an, das Praeangulare. Trotzdem sowohl rechts wie links ein oder der andere Längssprung über den oberen Teil dieses Elementes setzt, der eine Sutur vortäuschen könnte, kann man doch jederseits den konvexen Oberrand des Knochens erkennen.

Dem Unterrand des Praeangulare folgend bemerken wir durch deutliche Naht auf beiden Kieferhälften abgegrenzt, ein schmales und kleines Angulare, welches mit gerundeter Spitze das Hinterende des Unterkiefers bildet.

Über dem Angulare wird die Außenseite des Articulare sichtbar; dieselbe bildet den Kieferoberrand, ist klein, vierseitig begrenzt und stößt vorne unten an das Praeangulare, oben an das Supraangulare.

Der Oberrand des Supraangulare konnte nicht völlig freigelegt werden, es dürfte aber die höchste Spitze des Unterkiefers gebildet haben. Sein Unterrand grenzt an das Dentale und anscheinend mit seinem untersten Ende auch noch an das Praeangulare, seine Grenzen nach vorn sind unklar.

Zungenbeinapparat.

Tafel II Figur 2.

In dem Winkel zwischen Basisphenoid und Pterygoid entspringt jederseits ein 12 mm langes Knochenstäbchen, das mit leicht medialer Krümmung nach rückwärts und außen zieht und in der Höhe der vorderen Halswirbel sein Ende findet. Es handelt sich hier offenbar um ein Paar der Cornua des Zungenbeins. Das Knöchelchen zeigt keinerlei Gliederung. Andere Bogenteile und die Copula sind nicht erhalten.

Der Schultergürtel.

Tafel II Figur 1. Tafel III Figur 1.

Der Schultergürtel ist nur wenig dislociert, lediglich durch das Empordrücken der Wirbelsäule zwischen Episternum und der rechten Hälfte des Schultergürtels sind die einzelnen Teile des letzteren etwas verschoben worden.

Die schönen, von Dames[1]) an nur unvollständigem Material gemachten Beobachtungen können nun an der Hand unseres Stückes einige Ergänzung finden. Auf die mehrfachen Ähnlichkeiten, welche zwischen dem Pleurosaurier-Schultergürtel und jenem von Sphenodon und den Lacertiliern bestehen, hat dieser Autor bereits hingewiesen, und Max Fürbringer[2]) in seiner zusammenfassenden Arbeit über die Anatomie des Schultergürtels bestätigt dieselben. Im Anschluß an Sphenodon wäre dabei jetzt auf Grund einer späteren Arbeit noch *Champsosaurus*[3]) zu nennen.

Bezüglich der von Dames geltend gemachten Ichthyosaurier-Ähnlichkeit des Schultergürtels von Pleurosaurus zeigt unser Fund, daß lediglich in der T-förmigen Gestalt und im Umriß des Coracoid eine allgemeine Ähnlichkeit besteht, daß aber die Form der Scapula völlig abweicht.

Das Episternum besitzt die bezeichnende T-Form, über seinen Längsschenkel verläuft von vorne nach hinten eine deutliche Zickzacklinie: die Grenzlinie einzelner Schupppen, die sich im Abdruck erhalten hat. Der Längsschenkel erreicht eine Länge von 20 mm, dem eine solche von nur 10 mm des Querschenkels gegenübersteht. Das Verhältnis ist also hier ein anderes wie bei dem von Dames abgebildeten Originale zu Pleurosaurus Goldfussi H. v. M. (Anguisaurus bipes) aus dem Museum Teyler in Haarlem, bei welchem Längs- und Querschenkel ungefähr die gleiche Länge haben, auf welche Tatsache bereits Fürbringer ausdrücklich hinweist. Möglicherweise beruht diese Verschiedenheit auf einem Altersunterschied. (Die Figur bei Dames ist in doppelter Größe gegeben.)

Die linke Clavicula befindet sich noch in ihrer ursprünglichen Stellung. Sie ist der rostralen Fläche des Seitenschenkels des T-förmigen Episternums eng angelagert; ihr mediales Ende dürfte — bei ungestörter Lagerung — von jenem der rechten Clavicula etwa um die Breite des Längsschenkels entfernt gewesen sein. Das laterale Ende ist zwar beschädigt, läßt aber doch deutlich die Anlagerungsstelle an die Scapula erkennen. Die Gesamtlänge dieses Stückes der linken Clavicula beträgt 15 mm, übertrifft also darin den Querschenkel des Episternums um 5 mm. Durch diese Feststellung findet die Angabe von Dames eine Berichtigung, wonach die Clavicula sehr klein — nach der Zeichnung beträchtlich kleiner als der Querschenkel des Episternums — gewesen sei, und dieses anscheinende Mißverhältnis, auf das Fürbringer ausdrücklich hinweist[4]), beruht also entweder auf der Erhaltung oder es handelt sich um ein noch jugendliches Tier. An dem vorderen

---

[1]) D a m e s W., Beitrag zur Kenntnis der Gattung Pleurosaurus H. v. Meyer. Sitzungsberichte d. k. pr. Akademie zu Berlin. 42. 1896. S. 6 (1112).

[2]) F ü r b r i n g e r Max, Zur vergleichenden Anatomie des Brustschulterapparates und der Schultermuskeln. IV. Teil. Jenaische Zeitschrift f. Naturwissenschaft. 34. Bd. 1900. S. 294.

[3]) B r o w n B., The osteology of Champsosaurus. Mem. Americ. Mus. Nat. Hist. Vol. 9. Part. I. 1908. T. II.

[4]) l. c. S. 295.

Lateralrande der Clavicula, welche an dieser Stelle beschädigt ist, wird in enger Verbindung ein gleichfalls beschädigtes Knochenstäbchen sichtbar; dasselbe greift lateral über die oben erwähnte Anlagerungsstelle der Clavicula an die Scapula hinaus, um sich seinerseits unter leichter Dorsalkrümmung um den Vorderrand der letzteren anzulegen. Bezüglich der Deutung dieses Stückes bin ich sehr im Zweifel, ob hier wirklich ein selbständiges Element vorliegt. Man könnte an ein Cleithrum denken, dieses müßte aber, wie das hier der Fall ist, nicht der rostralen, sondern der caudalen Fläche der Clavicula angelagert sein.

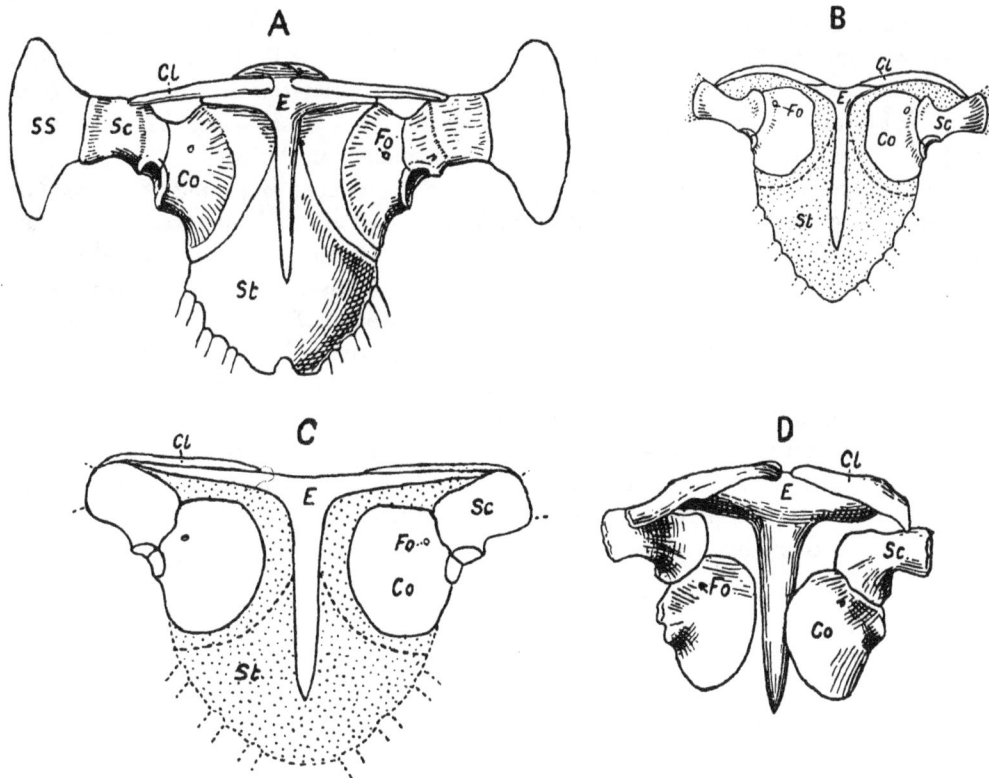

Figuren 2.

A. Brustschulterapparat von Sphenodon (Hatteria) punctatus Gray. Nach Fürbringer. Nat. Größe.
B. Desgleichen von Homoeosaurus brevipes Zittel non H. v. M. Ob. Jura. Nach Broili. 2 ×.
C. Desgleichen von Pleurosaurus Goldfussi H. v. M. Ob. Jura. Rekonstruktion. Um 1/3 vergrößert.
D. Desgleichen von Champsosaurus laramiensis Brown. Ob. Kreide, Montana, nach Brown. 1/3 nat. Größe.
Cl = Clavicula. Co = Coracoid. E = Episternum. Fo = Fo. supracoracoidum. Sc. = Scapula.
SS = Suprascapula. St = Sternum (knorpelig).

Nachdem nun weder in Verbindung noch in der Nähe der rechtsseitigen Clavicula ein ähnliches Gebilde sich bemerken läßt, bin ich der Anschauung, daß es sich wahrscheinlicher hier um den losgesprengten distalen Teil der Clavicula handelt.

Im Gegensatz dazu ist die rechte Clavicula aus ihrer ursprünglichen Verbindung mit dem Episternum gebracht und in einem nahezu rechten Winkel so nach vorne gedreht worden, daß das laterale, normal nach der Dorsalseite gekehrte Ende jetzt rostralwärst gewendet ist. Auf diese Weise zeigt sich aber die Clavicula in ihrer ganzen Größe und ziemlich beträchtlichen Krümmung. Die Gesamtlänge dieser rechten Clavicula beträgt, die Krümmung mit inbegriffen, 21 mm.

Wie an der rechten Gürtelhälfte deutlich zu sehen ist, sind Scapula und Coracoid durch eine deutliche Sutur voneinander getrennt.

Die Scapula ist eine solid verknöcherte Platte mit schwach konkavem Caudalrand und konvexem Lateralrand, ein Acromion ist nicht zu sehen, möglicherweise lag ein solches, wie Fürbringer annehmen will, wie bei Lacertiliern im Knorpelbereiche des Suprascapulare.[1]) (Die andere Annahme Fürbringers: Reduktion in Korrelation zur Rückbildung der Clavicula kommt nicht mehr in Frage, da, wie dargelegt wurde, die Clavicula durchaus proportional zu dem Episternum ausgebildet ist und von einer Rückbildung derselben keine Rede sein kann.) Die Scapula ist im Bereiche der Fossa glenoidalis am stärksten.

Das gleiche ist auch bei dem Coracoid der Fall, welches eine breite Knochenplatte mit konvexem Rostral- und ebensolchem Caudalrand darstellt; in der Sagittal-Richtung mißt sie beinahe 15 mm, in der Transversal-Richtung 10 mm. Oberhalb der Fossa glenoidalis liegt ein deutliches Foramen supracoracoideum. (Dasselbe ist auch auf dem rechten Coracoid wahrnehmbar, in der Mitte des lateralen sichtbaren Randes unterhalb der aufgeschobenen Scapula.) Während die Scapula mit der Clavicula in Verbindung tritt, bleibt zwischen dem vorderen und medialen Rand der Scapula und dem Episternum ein freier Raum, der ursprünglich von Knorpel ausgefüllt war; die eigentümliche körnige Ausfüllungsmasse zwischen dem Scapula-Vorderrand und dem Episternum dürfte wohl auf diesen Knorpel sich zurückführen lassen, und ebenso läßt die gleiche Ausfüllungsmasse auf der linken Körperhälfte zwischen dem Coracoid und Episternum mit ziemlicher Deutlichkeit die Grenzen des knorpeligen Sternums erkennen.

Die Vorderextremität.

Tafel III. Figur 1.

Der dem Beschauer auf beiden Seiten die Ventralseite darbietende Humerus ist ein 31 mm langer Knochen, welcher infolge seiner nur mäßigen proximalen und distalen Verbreiterung relativ schlank erscheint. Der proximale Teil beginnt mit dem Caput humeri, dessen oberflächliche Rauhigkeit auf die ursprüngliche Bedeckung mit Gelenkknorpel hinweist. Unterhalb des Caput liegt ein kräftiger, ventralwärts deutlich hervorragender Processus lateralis. Der Schaft des Humerus ist verengt. Distal verbreitert sich derselbe wieder und zwar mehr wie proximal, am Ende zeigt er die Gelenkvorsprünge für Ulna und Radius. Die beiden, den distalen Bereich durchbohrenden Kanäle Canalis n. radialis s. ectepicondyloideus und Canalis n. mediani s. entepicondyloideus sind an beiden Humeri ganz ausgezeichnet zu sehen. Sie sind bereits von Dames[2]) an dem im übrigen unvollkommenen verknöcherten Exemplar des jugendlichen Individuums seines Pleurosaurus nachgewiesen und auch bei anderen Stücken von ihm festgestellt worden.

---

[1]) Fürbringer l. c. S. 294.
[2]) l. c. S. 8.

An beiden Unterarmen unseres Exemplares zeigt sich als eine merkwürdige Eigentümlichkeit, daß sich der Radius in schräg nach einwärts und unten gerichteter Stellung über die Ulna legt; die Hand hat diese Bewegung mitgemacht. Infolgedessen kommt der erste Finger medial, der fünfte lateral zu liegen und die Hand zeigt nicht wie der Humerus die Ventralseite, sondern die Dorsalseite. Diese Erscheinung ist wohl einerseits auf die Einbettungslage der Vorderextremität nahe beim Rumpf zurückzuführen, wobei der Radius über die Ulna und lediglich der fünfte Finger auf den Boden zu liegen kam, andererseits auf einen zeitlich verschiedenen Verfall der die einzelnen Knochen zusammenhaltenden Ligamente beim Verwesungsprozess. Ich möchte annehmen, daß am Unterarm die proximalen Bänder des Radius zuerst sich lösten, und daß dann die Hand noch in Ligament-Verbindung mit demselben in die oben genannte Stellung sich umlegte.

An den übrigen mir bekannten Vorderfüßen von Pleurosaurus war eine solche Überlagerung des Radius über die Ulna nicht zu sehen. Von Interesse ist immerhin, daß der von Andreae[1] beschriebene Pleurosaurier Acrosaurus Frischmanni an beiden Unterschenkeln der Hinterextremität eine ähnliche Kreuzung von Tibia und Fibula zeigt.

Der Radius ist ein 20 mm langer, unmerklich gekrümmter, schlanker Knochen, der proximal und distal zirka 4 mm, an der schmalsten Stelle des Schaftes nur 2 mm breit ist.

Die Länge der Ulna beträgt 19 mm, auch sie besitzt eine proximale Breite von 4 mm, die distale — sie ist nicht vollkommen sichtbar — dürfte kaum geringer gewesen sein.

Der Carpus ist nicht vollständig verknöchert. Rechts liegt zwischen der distalen Gelenkfläche des Radius und dem ersten Metacarpale eine Kalkspatkonkretion, links wird an der nämlichen Stelle Gestein sichtbar. Zwischen Ulna und Radius findet sich rechts ein kleiner, in die eben erwähnte Kalkspatkonkretion unter dem Radius hereingreifender Knochenkeil, unterhalb desselben bemerkt man auf der ulnaren Seite ein größeres Knöchelchen von vierseitigem Umriß, weiter an der radialen Seite dieses Elementes unterhalb der Konkretion in Berührung mit dem zweiten Metacarpale ein etwas kleineres Carpale, ferner ober dem zweiten und dritten und ober dem dritten und vierten Metacarpale die Fragmente eines sehr kleinen bezw. etwas größeren Knöchelchens.

Links zeigt sich ebenso über dem zweiten und dritten und über dem dritten und vierten Metacarpale ein kleineres bezw. größeres Carpale, über ihnen und unter der Ulna zeigen sich zwei weitere durch eine Kalkspatmasse voneinander getrennte Elemente de Carpus.

Auf Grund dieser Beobachtungen läßt sich feststellen, daß mindestens fünf Elemente des Carpus an unserem Individuum verknöchert waren. Lortet[2] konnte von dem schönen Exemplar von seinem Pleurosaurus Goldfussi an dem linken Carpus acht Knöchelchen beobachten. (Am rechten bildete er deren nur drei ab.) An dem Wagnerschen Originalstück der Münchner Sammlung stellt Dames[3] einen Carpalknochen in der proximalen und zwei in der distalen Reihe fest, hielt es jedoch für sehr wahr-

[1] Andreae A., Acrosaurus Frischmanni H. v. M., ein dem Wasserleben angepaßter Rhynchocephale von Solenhofen. Bericht der Senckenbergischen naturforsch. Gesellschaft in Frankfurt a. M. 1893. S. 29. T. II. Fig. 8.

[2] Lortet L., Les reptiles fossiles du bassin du Rhône. Archives du Muséum d'histoire nat. de Lyon. t. V. Lyon 1892. S. 84. T. VII.

[3] l. c. S. 9 (1115) Anm. 1.

scheinlich, daß noch weitere Carpalelemente durch das distale Ende des verschobenen Radius verdeckt seien. Im Gegensatz dazu ist an dem Berliner Originale von Dames nur ein einziges Carpale verknöchert. Es scheint also der Grad der Verknöcherung des Carpus mit dem Alter zusammenzuhängen; daß es sich bei dem Berliner Pleurosaurus um ein jugendliches Individuum der Gattung handelt, wurde vorausgehend schon öfter betont.

Unser Stück besitzt jederseits fünf wohlentwickelte Finger. Die Metacarpalia der linken Hand sind alle sichtbar, von denen der rechten ist das fünfte nur in seinem distalen Abschnitt freigelegt, es sind durchweg stämmige Bildungen. Das erste Metacarpale ist das kürzeste der ganzen Reihe, insoferne es nur eine Länge von 5 mm erreicht, es ist ein gedrungener kräftiger Knochen, welcher proximal sehr stark, distal mäßig verbreitert ist. Das zweite mit dem vierten Metacarpale sind kurze, proximal und distal schwach verbreitete Säulen. Metacarpale zwei ist 6 mm, das dritte und vierte je 7 mm lang. Das $5^1/_2$ mm lange fünfte Metacarpale wird teilweise auf seinem Innenrand von dem vierten Metacarpale überdeckt, distal scheint es etwas stärker verbreitert zu sein wie proximal.

Wie die Metacarpalia sind die Phalangen stämmige Elemente und an ihren Gelenken wohl verknöchert. Die Phalangenformel beträgt analog den Angaben von Lortet und Andreae auch bei unserem Exemplar: 2, 3, 4, 5, 3, entspricht also jener von Hatteria, Homoeosaurus und den Lacertiliern. Sämtliche Endphalangen sind kräftige, spitze, gekrümmte Krallen, die auf der Unterseite (sie befinden sich in teilweiser Seitenlage) proximal einen deutlich hervortretenden knopfartigen Höcker tragen.

Die Länge der Phalangen an den einzelnen Fingern ist folgende in mm:

1. Finger: 6; 4,5 = 10,5 mm,
2. Finger: 5; 5,5; 4,5 = 15 mm,
3. Finger: 5,5; 4.5; 5; 4,5 = 19,5 mm,
4. Finger: 4,5; 4; 4; 5; 4,5 = 22 mm,
5. Finger: 5; 5; 4,5 = 14,5 mm.

Der vierte Finger ist also ebenso wie bei Hatteria, Homoeosaurus und den Lacertiliern der längste, und auf gleiche Weise zeigen auch die übrigen Finger entsprechende Größenverhältnisse.

Die Vorderextremität unseres Pleurosaurus trägt demnach eine typische Schreithand, die im Vergleiche mit jener von Homoeosaurus gedrungeneren Bau besitzt.

Der Beckengürtel.

Tafel IV. Figur 1.

Schräg durch Beckengürtel und linke Hinterextremität setzt eine Kluft, welche die einzelnen Teile voneinander trennt. Die Wände der Kluft zeigen deutliche Verwitterungserscheinungen und das gleiche ist auch bei den an die Kluft stoßenden Flächen der angrenzenden Knochen der Fall. Ich glaube, daß im übrigen bei dem Funde alle wesentlichen Teile vorhanden waren und daß nur durch die Unachtsamkeit des Finders die an der Kluftfläche besonders leicht sich loslösenden Knochenreste verloren gegangen sind; das gilt z. B. für das linke Pubis, dessen distaler Teil nur im Abdruck erhalten ist, auch der linke proximale Abschnitt des Femur weist eine ganz frische Bruchfläche auf.

. Die Teile der linken Beckenhälfte und das Caput femoris liegen noch in
Verbindung mit dem vorderen Rumpfabschnitt, die übrigen Reste der linken Hinterextremität und ein Teil des rechten Ilium, wie die rechte Hinterextremität, aber jenseits
der Kluft.

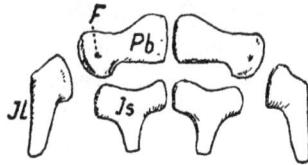

Figur 3.
Becken von Pleurosaurus minor Wagner. Ob. Jura, Daiting, nach Dames. Nat. Größe.
Il = Ilium. Is = Ischium. Pb = Pubis mit Fo. obturatorium F.

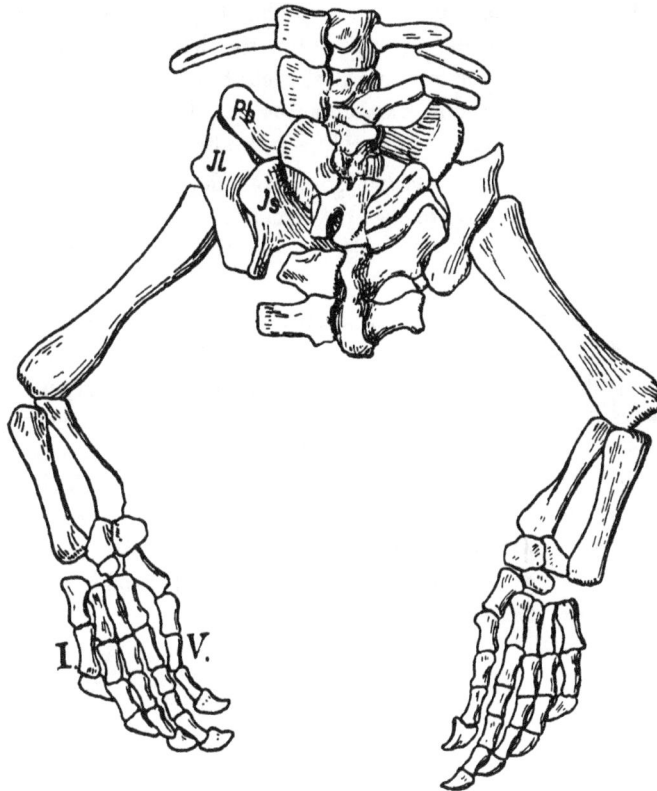

Figur 4.
Becken und Hinterextremität von Pleurosaurus Goldfussi Lortet. Ob. Jura, Cerin, nach Lortet. Nat. Größe.
Il = Ilium. Is = Ischium. Pb = Pubis. I—V = die fünf Zehen.

Links ist vom Pubis nur sein proximaler Abschnitt erhalten, der in der größten
Breite 12 mm mißt, der distale Teil liegt lediglich im Abdruck vor; es erscheint als eine
median stark eingeschnürte Knochenplatte, die in ihrem Umriß sehr dem Pubis von

Homoeosaurus gleicht, nur daß sie proximal und distal nicht so stark verbreitert ist. Dames hat an seinem Stück deutlich das Foramen obturatorium nachweisen können, an dem vorliegenden Individuum lag an der Stelle, wo ein solches Loch zu erwarten war, eine Kalkspatkonkretion. Ich riskierte nicht, dieselbe vollständig herauszupräparieren, doch vermute ich, daß sie im Foramen ihren Ursprung genommen hat.

Dem proximalen Pubis dicht angelagert ist der proximale Teil des Ischium, lateral, wo die Knochenverbindung etwas klafft, scheint Knorpelverbindung bestanden zu haben, medial legt sich aber Knochenrand an Knochenrand. Darin liegt wiederum ein Unterschied gegenüber dem Berliner Jugendexemplar, bei dem die einzelnen Beckenelemente lediglich durch Knorpel verbunden waren. Das Ischium mißt 25 mm in der Länge und seine größte Breite beträgt proximal 11 mm und distal ca. 12 mm.

Leider sind die Verhältnisse in der Symphyse unklar, da sowohl der Abdruck des distalen Pubis in dem Verlauf seiner Grenzen undeutlich als auch das Ischium in diesem Teile an seinen Rändern beschädigt ist. Jedenfalls waren aber die beiden Elemente in der Symphyse sehr nahe aneinander gerückt, wenn sie sich nicht überhaupt berührt haben. Auch der bezeichnende dorsal und abwärts gerichtete Fortsatz des Ischium, welchen Dames abbildet und den unsere Form mit Homoeosaurus und Hatteria teilt, ist nicht erhalten, da die Kluft gerade an der Stelle durchzieht, wo er abzweigt.

Lateral vom Pubis wird stark beschädigt ein Teil der Außenseite des Iliums sichtbar. Man sieht über der Grenzfläche gegen das Pubis den vorderen Teil des Acetabulum femoris und über diesem noch den Beginn des leider unvollständig erhaltenen aufsteigenden Astes des Ilium.

Vom rechten Ilium ist lediglich ein Teil des stark korrodierten Acetabulum femoris, sowie der aufsteigende Ast, welcher medial- und kaudalwärts gerichtet ist, erhalten geblieben. Derselbe legt sich über eine Rippe, welche ihre Grenze gegen den Wirbelkörper durch eine deutliche Sutur zu erkennen gibt; da dieselbe sich lateralwärts stark verbreitert, glaube ich, daß es sich um die Rippe des zweiten Sacralwirbels handelt, welche nach Lortet[1]) in ihrer mittleren Partie die nämliche Eigenschaft aufweist, die nach diesem Autor veranlaßt wird durch die Anwesenheit „d'une forte apophyse complémentaire, qui se voit au bord postérieur"; diese Apophyse, welche auch die zweite Sacralrippe von Homoeosaurus besitzt, wird vermutlich an dem hier vorliegenden Stück von dem aufsteigenden Ast des Ilium überlagert.

Die Hinterextremität.

Tafel IV, Figur 1.

Während vom linken Femur blos das Caput femoris und sein distales Ende erhalten ist, zeigt der rechte seine intakte Lateralfläche. Es ist ein schlanker, nahezu gerader Knochen von fast 50 mm Länge; das sichtbare Stück des Caput femoris mißt 5 mm. Der Trochanter (minor) ist wohl entwickelt. Das distale Ende mißt 7 mm und die schmalste Stelle des dünnen Schaftes nur 5 mm.

[1]) Lortet l. c. S. 87.

Vom linken Unterschenkel findet sich nur der proximale, stark verbreiterte Teil der Tibia, ihr fehlendes Stück sowie die Fibula sind am Originale nach den vorhandenen Elementen der rechten Seite ergänzt worden.

Von Tibia und Fibula rechts sind die Mittelstücke teilweise ausgefallen gewesen, sie wurden in Gips ergänzt. Erstere ist der größere und stärkere Knochen und 28 mm lang, besitzt gerade, säulenförmige Gestalt und verbreitert sich proximal beträchtlich; hier mißt sie 9 mm in der Breite, am distalen Ende hingegen nur 5 mm.

Im Gegensatz zu der Tibia zeigt die Fibula eine deutliche Krümmung; in der dem Beschauer sich darbietenden Stellung behält der Knochen von seinem oberen Beginn bis fast zu seinem Unterende die gleiche Stärke von 3 mm, um sich dann allmählich bis zum distalen Rande auf 5 mm zu verstärken. Die Gesamtlänge der Fibula ist 21 mm.

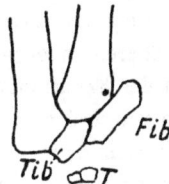

Figur 5.
Die erhaltenen Reste des rechten Tarsus. Um ⅓ vergrößert.
Tib = Tibiale. Fib = Fibulare. T = zwei Knöchelchen der distalen Reihe des Tarsus.

Der Winkel zwischen den distalen Enden von Tibia und Fibula wird von einem fünfseitigen Knöchelchen, dem Tibiale, ausgefüllt; derselbe legt sich dicht — die Sutur ist mit der Lupe gut zu sehen — an ein länger gestrecktes, dem Unterrand der Fibula angepreßtes Knöchelchen von unregelmäßig vierseitiger Form an. Dies ist das Fibulare. Diese proximale Reihe des Tarsus ähnelt in ihrem Umriß sehr derjenigen von Hatteria, dessen charakteristische Gestaltung Osawa[1]) mit einem Halbschuh verglichen hat. Auch das Tibiale und Fibulare von Homoeosaurus[2]) besitzt die nämliche halbschuhförmige Kontur.

Von der distalen Reihe des Tarsus zeigen sich rechts nur die stark beschädigten Reste von zwei (? 3) Knöchelchen, links befinden sich die proximalen mit einander fest verbundenen Tarsalglieder Fibulare und Tibiale und zwei Elemente der distalen Reihe.

Der Metatarsus der rechten Extremität hat sich gut erhalten. Analog den Verhältnissen der Vorderextremität sind auch die Glieder des Metatarsus stämmige Verknöcherungen, welche dicht aneinander liegen. Wie dort das erste Metacarpale ist hier das erste Metatarsale der kürzeste Knochen der ganzen Reihe, aber auch der kräftigste. Auffallend stark ist seine proximale Verbreiterung, die 7 mm mißt. Das zweite mit dem vierten Metatarsale haben säulenförmigen Umriß, unter ihnen ist das zweite das kürzeste, drei und vier sind nahezu gleich groß. Das fünfte Metatarsale ist wieder beträchtlich kürzer wie das dritte und vierte und zeigt wie jenes von Varanus, Hatteria und Homoeo-

---

[1]) Osawa G., Beitrag zur Anatomie der Hatteria punctata. Archiv f. mikrosk. Anat. u. Entwicklungsgesch. 51. Bd. 1898. S. 533.
[2]) Broili F., Beobachtungen an der Gattung Homoeosaurus. Sitzungsberichte d. b. Akademie d. Wissensch. math.-naturw. Abt. 1925. S. 103.

18

saurus nach innen eine deutliche Krümmung, ohne jedoch so hackenförmig zu werden, wie das bei diesen beiden letzteren Gattungen der Fall ist.

Die Länge der Metatarsalia an den einzelnen Zehen ist folgende in mm:

1. Metatarsale = 7,5 mm
2. Metatarsale = 9 mm
3. Metatarsale = 10,5 mm
4. Metatarsale = 10,5 mm
5. Metatarsale = 8,5 mm.

Von den Zehen des rechten Fußes liegt die erste noch im Zusammenhang mit dem ersten Metatarsale; sie wird von zwei Gliedern gebildet, das erste ist kurz, das zweite bildet eine kräftige gekrümmte Kralle, die hier besonders schön auf der Unterseite den unterhalb des proximalen Endes hervortretenden knopfartigen Höcker — auf den schon bei Besprechung der Endphalangen der Finger hingewiesen wurde — sehen läßt. Die Phalangen der übrigen Zehen haben sich derart übereinandergelegt, daß ihr Verlauf sich nicht einwandfrei verfolgen läßt. Außerdem läßt der Erhaltungszustand zu wünschen übrig; immerhin sind die krallenförmigen Endphalangen von drei weiteren Zehen in deutlicher Seitenlage gut erkennbar. Möglicherweise handelt es sich dabei um die Endphalangen von der dritten mit fünften Zehe. Diese Deutung gilt aber nur dann, wenn ein gekrümmtes Knöchelchen am Außenrand des Fußes — etwa 5 mm unterhalb der Kralle der ersten Zehe — die Rückenseite der Krallenendphalange der zweiten Zehe ist und wenn die übrigen Zehen nicht verschoben sind.

Die Länge der Phalangen an der ersten Zehe beträgt in mm: 7,5; 6,5 = 14 mm.

Noch schlechter ist die Erhaltung des linken Fußes; vom Metatarsus scheint ein kleines Bruchstück des ersten, das zweite, dritte und der proximale Teil des vierten Metatarsale vorzuliegen. Die Zehen, von welchen drei krallenförmige Endphalangen sichtbar werden, sind durcheinander geworfen und gestatten keine sichere Deutung über ihren ursprünglichen Zusammenhang.

Im übrigen hat Lortet in seiner Arbeit[1]) den Fuß von Pleurosaurus beschrieben und abgebildet. Daraus geht hervor, daß es sich bei Pleurosaurus um einen wohl entwickelten Fuß handelt mit der charakteristischen mit Hatteria und Homoeosaurus übereinstimmenden Phalangenformel 2, 3, 4, 5, 4, und daß wie bei der Vorderextremität ein Schreitfuß vorliegt.

Die Wirbelsäule.

Tafel II, Figur 1. Tafel III—Tafel V, Figur 1.

Die Wirbelsäule bis über das Becken zeigt mehr oder weniger ihre Ventralseite, die Schwanzwirbel befinden sich in der Mehrzahl in Seitenlage.

Bei der Betrachtung der Halswirbelsäule fällt die nach vorne in den Bereich des Schädels gerückte Stellung der ersten drei Halswirbel besonders auf, was durch den konkaven Hinterrand der Schädelunterseite und die weit nach rückwärts greifenden Unterkieferäste veranlaßt wird, welche nur eine kurze Strecke vom Schultergürtel, der nicht disloziert ist, entfernt sind.

---

[1]) l. c. S. 88.

Der Atlas steht an unserem Exemplar noch in engem Zusammenbang mit dem Schädel und zeigt sich, soweit er freizulegen war, in selten guter Erhaltung. In der Mitte liegt ein median schwach gekieltes Knochenstück von rundlich vierseitigem Umriß, das Intercentrum des Atlas; dasselbe ist 7 mm breit und 8 mm lang und seine Suturen gegen die beiden Bogenhälften des Atlas sind deutlich zu sehen. Diese relativ kräftigen Bogenstücke werden dorsalwärts zunächst breiter, um sich dann wieder zu verschmälern. Dieser sichtbare Teil des Atlas ähnelt in seiner Zusammensetzung und Gestalt ganz auffallend dem entsprechenden Teil eines Varanus, und das Intercentrum bildet hier wie dort die Basis des Atlas-Ringes. Zwischen Atlas und Epistropheus eingeschaltet ist ein kräftiges zweites Intercentrum, das ich in Übereinstimmung mit den Ausführungen von Osborn[1]) als Intercentrum des Epistropheus bezeichnen will. Dasselbe hat noch die typische Keilform (wedge-shaped), eine Verschmelzung des Intercentrums mit dem Epistropheus, wie sie bei Sphenodon oder Varanus stattfindet, erfolgt hier aber nicht; das Element bleibt also bei Pleurosaurus selbständig erhalten und es steht dieser Zustand demnach ungefähr zwischen dem von Platecarpus, bei welchem die beiden keilförmigen Intercentra sowohl am Atlas als auch am Epistropheus frei bleiben, und jenem von Varanus, wo das erste sich mit den oberen Bogen des Atlas verbindet und den basalen Teil des Ringes bildet, während das zweite Intercentrum eine vordere Hypapophyse am Epistropheus bildet, die bei Jugendformen nur leicht, bei ausgewachsenen Individuen durch Sutur verbunden ist.

Dieses breit gekielte Intercentrum des Epistropheus ist 3 mm lang, seine größte Breite beträgt 6,5 mm und es greift mit seinem konvexen Hinterrand tief in den konkaven Vorderrand des Wirbelkörpers vom Epistropheus ein, auch der Hinterrand des letzteren ist stark konkav, so daß seine Länge in der medianen Richtung nur wenig über 1 mm ausmacht, außerdem ist der Hinterrand des Wirbelkörpers des Epistropheus ventralwärts (d. h. dem Beobachter zu) deutlich abgeschrägt. Diese Beobachtung ist nur durch eine geringe Verschiebung des Wirbels möglich geworden. In diese Bucht und auf den abgeschrägten Hinterrand des Epistropheus legt sich nämlich das dritte Intercentrum mit seinem konvexen Vorderrand. Die hier zur Ausbildung gelangte Modifikation erinnert an die von Osborn bei Cyclurus beobachtete, wo das dritte Intercentrum zwar selbständig bleibt, aber doch die Gestalt und Funktion einer Hypapophyse übernimmt. Der Charakter des Intercentrums hinsichtlich seiner Gestalt und Selbständigkeit bleibt hier bei Pleurosaurus aber gewahrt. Die Zugehörigkeit dieses 3 mm langen dritten Intercentrums zum Epistropheus aber kommt nicht nur durch die oben erwähnte Abschrägung am Hinterrand desselben zur Auflagerung des Intercentrums zum Ausdruck, sondern auch in dem Umstand, daß der Hinterrand des letzteren gegenüber seinem stark konvexen Vorderrand fast gerade abgestutzt ist mit Ausnahme eines kleinen medianen, caudalwärts gerichteten Vorsprungs, welcher die Fortsetzung des gerundeten Längskieles bildet.

Demnach gehören zu unserem Epistropheus ebenso wie bei Varanus und Cyclurus zwei Intercentra im Gegensatz zu Hatteria (Sphenodon), wo das dritte Intercentrum seine

---

[1]) Osborn H. F., a) A complete Mosasaur skeleton, osseous and cartilagineous. Mem. of the Americ. Mus. of Nat. History Vol. I. Part. 4. 1899. S. 171—178.

b) Intercentra and Hypapophyses in the cervical region of Mosasaurs, lizards and Sphenodon. Americ. Naturalist. Vol. 34. No. 397. (Januar 1900).

primitive Stellung zwischen dem Epistropheus und dem dritten Wirbel beibehält, ohne zu einer näheren Beziehung zu dem ersteren zu treten.

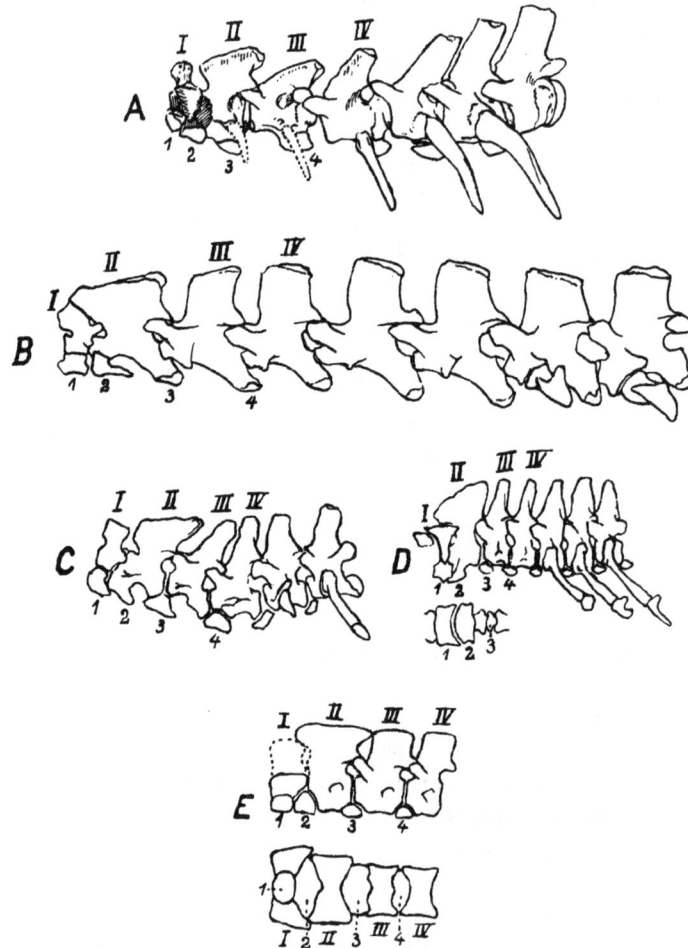

Figur 6.
Halswirbel von Mosasauriern, Lacertiliern, Sphenodon und Pleurosaurus.

A. Platecarpus, ein Mosasaurier aus der ob. Kreide von Kansas, bei dem der linke, obere Bogen des Atlas entfernt ist. $^1/_6$ n. G.

B. Varanus, ein Lacertilier mit auf die Spitze der Hypapophysen geschobenen Intercentra. $^3/_4$ n. G.

C. Cyclurus, ein Lacertilier, mit Intercentra in primitiver Stellung, mit Ausnahme von Intercentrum 2, welches rückwärts geschoben und mit der Hypapophyse des Epistropheus verschmolzen ist. $^3/_4$ n. G.

D. Sphenodon (Hatteria), ein Rhynchocephale, mit allen Intercentra in primitiver Stellung mit Ausnahme von 2, wo es wie bei Cyclurus mit dem Epistropheus verschmolzen ist. $^3/_4$ n. G.

Nach Osborn.

E. Halswirbel von Pleurosaurus Goldfussi H. v. M. Neuerwerbung der Münchner Sammlung. Seitenansicht, Ventralansicht. Die oberen Bogen sind ergänzt. Um $^1/_3$ vergrößert.

I = Atlas. II = Epistropheus. III, IV etc. = die anschließenden Wirbel.

1 = Intercentrum des Atlas. 2 = Intercentrum des Epistropheus. 3, 4 etc. = die folgenden Intercentra.

Es läßt sich also hinsichtlich des Verhaltens des dritten Intercentrums folgende Reihe aufstellen: Sphenodon — Pleurosaurus — Cyclurus und schließlich Varanus, bei dem dies Element die Spitze der Hypapophyse bildet.

Die Halswirbel und vorderen Rumpfwirbel liegen etwas nach rechts geneigt, dadurch war es möglich, an den ersteren die linken Seitenflächen teilweise freizulegen, was sich allerdings nur mit großer Schwierigkeit und nicht ohne daß manches Knochenstückchen verloren ging, bewerkstelligen ließ. Auf diese Weise wurde oberhalb der Wirbelkörperflanke des Epistropheus und seiner Intercentren ein Knochenstück freigelegt, welches nach seiner Lage der obere Bogen des zweiten Halswirbels zu sein scheint; derselbe dürfte aber aus seiner Verbindung mit dem Körper gebracht worden sein, denn ein nach rückwärts gerichteter Fortsatz, welcher wie die Postzygapophyse aussieht, zeigt diese in Seitenlage — in normaler Stellung aber müßte sie ihre Ventralseite darbieten. Für die Wahrscheinlichkeit dieser Deutung spricht auch der Umstand, daß ventral von diesem Element an der Flanke des Epistropheus eine zweiköpfige, kleine, 5 mm lange Halsrippe angepreßt liegt. Dieselbe ist zusammengedrückt, was darauf schließen läßt, daß sie ursprünglich hohl und soweit die Erhaltung den Schluß gestattet, ihr Tuberculum kürzer und schwächer als das Capitulum war.

Hinter dem dritten Intercentrum[1]) wird der dritte Halswirbel kaum sichtbar; derselbe ist leicht median eingeschnürt und ca. 3 mm lang. Dann folgt auf das stark beschädigte vierte Intercentrum der Körper des vierten Halswirbels, der die gleiche Fadenrollenform wie sein Vorgänger aufweist, und weiter reiht sich das fünfte, nur in seiner rechten Hälfte erhaltene Intercentrum, sowie der Körper des fünften Wirbels an. Die von da ab bis zum Brustgürtel folgenden Intercentra und Wirbel sind in ihren gegenseitigen Grenzen ganz unklar. Nachdem Intercentrum 5 und Wirbel 5 einen Raum von fast 5 mm beanspruchen und nachdem die von mangelhafter Erhaltung betroffene Strecke 6,5 mm beträgt, dürfte unter der Annahme gleichbleibender Verhältnisse auf diesen Teil mindestens noch ein Intercentrum (6) und ein Wirbel (6) fallen, so daß also die Zahl der v o r dem Episternum gelegenen Halswirbel 6 betragen haben dürfte.*)

---

[1]) An dem durch Lortet untersuchten schönen Exemplar aus dem oberen Jura von Cerin sind die zwischen den Halswirbeln eingeschalteten Intercentra auch gut erkennbar, sind aber durch die Drehung, welche der Körper an dieser Stelle erfahren hat, etwas aus ihrer ursprünglichen Lage herausgepreßt. Lortet äußert sich über dieselben folgendermaßen: „Dans la région cervicale, les vertèbres portent à leur face inférieure une forte apophyse semblable à celle que présentent les corps vertébraux correspondants de certaines espèces des Varans, mais infiniment plus développée. A cause de la torsion de cette région du cou, ces protubérances sont très visibles; sur le fossile que nous étudions, on les voit (pl. VII) entre les côtes cervicales; elles ont uniformément une longueur de près de 4 millimètres."

*) Anmerkung. Bezüglich der Halswirbelzahl bei dem durch Lortet untersuchten Stück von Cerin glaube ich annehmen zu dürfen, daß dort, ebenso wie es hier der Fall ist, die Zahl der v o r dem Brustgürtel gelegenen Halswirbel nicht f ü n f, sondern sechs beträgt. Lortet erwähnt, daß bereits der Atlas eine kurze Halsrippe trage, da aber der Atlas unseres Pleurosaurus keinerlei Rippen trägt, glaube ich sicher annehmen zu können, daß es sich bei dem genannten Wirbel nicht um den Atlas, sondern um den Epistropheus handelt, dafür spricht auch der darüber sitzende große obere Bogen. Zu demselben Resultat kam, wie ich nachträglich fand, bereits im Jahre 1893 G. A. Boulenger,[1]) welcher erklärte, daß der erste

---

[1]) G. A. B o u l e n g e r, On some newly-described Jurassic and Cretaceous lizards and Rynchocephalians. Annals a. Magaz. Nat. History. Vol. XI. 6. Serie. 1893. S. 208.

Da an unserem Exemplar sich nicht beobachten läßt, welche der Rippen sich als erste mit dem Sternum verbindet, ist es nicht möglich, die genaue Zahl der Halswirbel anzugeben; ich möchte es für sehr wahrscheinlich halten, daß noch zwei oder drei Halswirbel innerhalb des rostralen Teiles des Brustgürtels entwickelt waren. Ist diese Annahme zutreffend, so war die Gesamtzahl der Halswirbel 8—9.

Die ersten im Bereich des Brustgürtels vorhandenen Wirbel sind nicht gut sichtbar, da sie von Episternum und rechtem Coracoid bedeckt werden. Der hintere Teil eines Wirbels mit anschließendem Intercentrum erscheint erst am hinteren Medialrand des Coracoids, ihm folgen fünf weitere Wirbelcentren mit dazwischen eingeschalteten Intercentra, die ersteren erreichen eine Länge von 4—4,5 mm, die letzteren, welche durch ihre kräftige wulstartige Ausbildung besonders auffallen, eine solche von 2 mm.

Die weiter sich anschließenden Wirbel, namentlich die vorderen, sind bis zur Kluft teilweise vollständig von den Bauchrippen verdeckt, so daß sich ihre Zahl nicht fixieren läßt, schätzungsweise läßt sich dieselbe vom Brustgürtel ab gerechnet auf ± 20 angeben. Die hintersten Wirbelkörper dieser Reihe (der letzte wird in seinem vorderen Teil durch die Kluft abgeschnitten und ich glaube, daß sein hinterer Teil den Kluftzwischenraum ausfüllt, so daß vermutlich gar kein Wirbel in der Kluft verloren ging) sind gut entblößt und etwas länger als die vorderen, sie messen 8 mm, dafür sind die Intercentra, welche zwischen den letzten Wirbeln vor der Kluft ausgezeichnet sich sehen lassen, mit einer Länge von 1 mm kürzer geworden.

Auch das sich nun anschließende Skelettstück, welches caudal von der über das Becken und die Hinterextremitäten setzenden Kluftfläche abgeschnitten wird, leidet unter der gleichen Erscheinung. Zunächst ist eine geschlossene Reihe von 15 Wirbelkörpern zu verfolgen, die anschließenden Wirbel werden aber wiederum überlagert, ihre Zahl mag 9—10 betragen haben, sodaß also auf dieses Skelettstück insgesamt 25 Wirbel entfallen würden.

Eine Größenzunahme der Wirbelkörper nach hinten in diesem Abschnitt der Wirbelsäule erfolgt hier nicht mehr; einer der letzten der erwähnten 15 Wirbelkörper mißt auch nur 8 mm in der Länge. Kleine Intercentra sind auch hier zwischen den letzten freigelegten Wirbelkörpern zu sehen, so daß wohl mit ihrer Entwicklung zwischen allen präsakralen Wirbeln zu rechnen ist.

An der Hand dieser Schätzungen würde die Zahl der präsakralen Wirbel ± 51 gewesen sein, von denen 8—9 auf die Halswirbel entfallen wären. Lortet[1] konnte an seinem Exemplar, das die Wirbelsäule vom Schädel ab bis über das Becken hinaus in geschlossener Reihe zu erkennen gibt, insgesamt 48[2] präsakrale Wirbel, von denen er fünf als Halswirbel betrachtet, sowie zwei Sakralwirbel zählen, von welchen an unserem Individuum nur Reste des zweiten erhalten sind.

---

rippentragende Wirbel bei Lortet's Pleurosaurus nicht der Atlas sei, welcher fast vollständig verdeckt wäre; er kommt also zu der gleichen Zahl von sechs vor dem Episternum gelegenen Halswirbeln, wie ich sie annehme, außerdem zählt er zum Hals noch die ersten beiden, von Lortet noch als dorsale gedeuteten Wirbel, gelangt demnach zu dem gleichen oben mitgeteilten Resultat von mindestens acht Halswirbeln.

[1] l. c. S. 83.

[2] Nach der oben gegebenen Anmerkung bezüglich des Atlas ist aber mit 49 präsakralen Wirbeln zu rechnen.

Nachdem kein Wirbelkörper seine vordere oder hintere Gelenkfläche klar zeigt, entzieht es sich unserer Beobachtung, ob derselbe, wie H. v. Meyer und Lortet angeben, wirklich amphicoel gewesen ist oder nur platycoel.

Direkt jenseits der durch Becken und Hinterextremität streichenden Kluft wird an der Kluftwand der Querschnitt eines Wirbels sichtbar, welcher auf seiner dem Beschauer zugekehrten Ventralfläche an der rechten Körperseite eine durch eine Sutur getrennte Rippe trägt, die ich, wie ich bei Beschreibung des Beckengürtels schon ausführte, für die Rippe des zweiten Sakralwirbels halte.

Hinter derselben zeigt sich der stachelartige, stämmige Querfortsatz des ersten, 8 mm langen Schwanzwirbels, derselbe wurde nicht vollständig bis zu seinem Ausgangspunkt vom Wirbelkörper freigelegt, sodaß also im Falle des Vorhandenseins einer Sutur es sich nicht um einen Querfortsatz, sondern um eine Schwanzrippe wie bei Homoeosaurus handeln würde. Der Wirbelkörper selbst wird mit Ausnahme seines Hinterrandes von petrifiziertem Muskelfleisch und einem leistenförmigen, caudal gegabelten Knorpelstück, das möglicherweise auf die knorpelige Verbindung der beiden Beckenhälften zurückzuführen ist, bedeckt.

Der zweite Schwanzwirbel ist freigelegt, aber nur teilweise erhalten, auch hier ist auf Grund von Bruchflächen nicht zu entscheiden, ob der 8 mm lange Querfortsatz, der rechts zum größten Teil nur im Abdruck sich zeigt, eine Rippe ist. Ein Intercentrum zwischen den beiden ersten Schwanzwirbelkörpern findet sich nicht mit Sicherheit, ihre etwas klaffenden Ränder deuten aber darauf hin, daß ein solches vermutlich entwickelt war und ausgefallen ist.

Über dem dritten Schwanzwirbel liegt ein undeutbares Fragment; an der rechten Seite dieses Restes sehen wir ein halbmondförmiges Knochenstück, das nach seinen Dimensionen ganz gut das eben erwähnte ausgefallene Intercentrum sein könnte.

Daran schließen sich neun noch im Zusammenhang befindliche, 8—9 mm lange Wirbelcentra an, zwischen denen noch Spuren schmaler Intercentra sich erkennen lassen. Die zwischen den Wirbelkörpern eingeschaltet gewesenen Unteren Bögen (Chevrons) liegen längs der linken Wirbelflanken. Während die vorderen Wirbel dieser Serie noch ihre Ventralseite zeigen, haben sich die rückwärtigen, von denen die beiden letzten verschoben sind, allmählich auf die linke Seite gelegt, sodaß von jetzt ab alle Wirbel ihre rechte Flanke der Beobachtung darbieten.

Der direkte Anschluß an diese übrigen Schwanzwirbel ist durch eine wahrscheinlich nur kurze Lücke unterbrochen; ich nehme an, daß dieselbe nicht bedeutend war und daß höchstens 2—3 Wirbel verloren gegangen sind. Die jenseits dieser Lücke erhaltene Wirbelserie ist fortlaufend bis zur Schwanzspitze erhalten und zählt insgesamt 104 Wirbel; die ersten beiden Wirbel der Reihe sind wie die letzten der vorausgehenden etwas disloziert, alle übrigen aber legen sich in schön geschwungenem Bogen lückenlos, ohne nennenswerte Beschädigung eng aneinander. Die Zahl der erhaltenen Schwanzwirbel beträgt demnach 116, rechnet man die in jener Lücke fehlenden zwei oder drei noch hinzu, so kommt man auf eine Gesamtzahl von 118—119 Stück.

Demnach beträgt die Gesamtzahl der Wirbel unseres Tieres: ± 51 präsakrale Wirbel, (davon 8—9 Halswirbel), 2 Sakralwirbel und 118—119 Schwanzwirbel.

24

Bei den vorderen Schwanzwirbeln dieser zusammenhängenden letzten Serie besitzen die Wirbelkörper die gleiche Länge wie die der Rückenwirbel, nämlich 8—9 mm, sie sind nur wenig länger als hoch, bei den hinteren Schwanzwirbeln dagegen nimmt die Höhe allmählich ab, bis diese nur die halbe Länge mißt. Die oberen Bogen sind mit den Wirbelkörpern verschmolzen[1]), und eine Grenze zwischen beiden ist nicht zu beobachten. Die Dornfortsätze sind schlanke, dem Hinterrand des Wirbels aufsitzende Stacheln mit konvexem Oberrand; bei den vorderen Schwanzwirbeln, wo sie bis zu 12 mm hoch werden und steil nach rückwärts geneigt sind, legen sie sich in der hinteren Strecke des Schweifes allmählich flacher. An ihrem proximalen Hinterende sind an einer Reihe von Exemplaren die schräg nach unten und außen gestellten Postzygapophysen zu sehen, die nach innen und oben gerichteten Praezygapophysen liegen am oberen Vorderrand des Wirbels. Querfortsätze und Rippen sind nicht entwickelt, ebenso vermißt man die bei Hatteria, verschiedenen Eidechsen und Homoeosaurus auftretende eigentümliche Querteilung der hinteren Schwanzwirbel.

Mit Ausnahme der beiden ersten — der dritte ist infolge seiner Erhaltung der Beobachtung nicht zugänglich — treten zwischen allen Schwanzwirbeln bis auf die letzten untere Bogen auf. Dieselben sind nicht mit dem Wirbel verwachsen und sind auch

Figur 7.
Pleurosaurus Münsteri Wagner (No. 1892 IV 3 der Münchner Sammlung). Ob. Jura von Kelheim.
Schwanzwirbel. Der untere Bogen ist dem Wirbelkörper des vorhergehenden Wirbels angelagert.
S = Sutur zwischen Wirbelkörper und oberem Bogen. Um $1/3$ vergrößert.

nicht mit ihm gelenkig verbunden, sondern schalten sich mittelst einer Querspange, welche dorsal die V-förmig sich zusammenschließenden Schenkel verbindet, zwischen zwei aufeinander folgende Wirbel ein. Die Schenkel sind schlanke dünne Gebilde und der von ihnen und der dorsalen Spange umschlossene Raum für den Gefäßkanal infolgedessen groß. Diese Merkmale sind an etlichen dislozierten vorderen Schwanzwirbeln gut erkennbar, viel besser aber zeigen sie sich an jenem schon genannten Rest einer Schwanzwirbelsäule von Pleurosaurus von Kelheim Fig. 7 (1892, IV, 3 der Münchner Sammlung), die alle Eigentümlichkeiten der unteren Bogen trefflich illustriert, insbesondere die Art, wie die unteren Bogen zwischen die Wirberlkörper eingeschoben sind. Die dorsale Querspange besitzt die Gestalt eines halbmondförmigen Intercentrums, das in der Mitte am schwächsten, lateral aber durch die innige Verbindung mit dem proximal verbreiterten Seitenschenkel des unteren Bogens stärker erscheint. Diese intercentrumähnliche Querspange legt sich mit ihrem Vorderrand, welcher mit jenem des Seitenschenkels einen stumpfen Winkel bildet, dicht

---

[1]) An einem Stück Schwanzwirbelsäule von Pleurosaurus Münsteri, 1892, IV, 3, der Münchner Sammlung ist unterhalb des Rückenmarkkanals an fast allen Wirbeln eine über den ganzen Wirbel laufende, ventralwärts konvexe Bruchlinie zu sehen, welche wohl die Grenze zwischen oberen Bogen und Wirbelkörper darstellt (siehe Tafel und Textfigur 7).

an den Hinterrand des vorausgehenden Wirbels an, und ihr Hinterrand, welcher allmählich in jenen des Seitenschenkels übergeht, ist unter normalen Verhältnissen, wenn keine Verschiebungen eingetreten sind, von dem Vorderrand des nachfolgenden Wirbels mehr oder weniger durch Gesteinsmaterial getrennt.

Es scheint demnach in der Schwanzregion von Pleurosaurus ein ähnliches Verhalten der die unteren Bogen verbindenden intercentrumähnlichen Querspange, welche mehr zu dem vorausgehenden Wirbel in Beziehung tritt, zu bestehen wie bei den Mosasauriern und Varanus, wo die Intercentra der Halsregion[1]) mit den vorausgehenden Wirbeln in Zusammenhang treten.

In ungestörter Lage haben die unteren Bogen der vorderen Schwanzregion die gleiche steile Neigung nach rückwärts wie die Dornfortsätze, und sie erreichen auch die Höhe derselben (bis 12 mm); während aber die letzteren am hinteren Ende des Schwanzes sich immer flacher nach rückwärts legen, behalten die ersteren eine etwas steilere Stellung bei.

An dem oben erwähnten Stück (1892, IV, 3) lassen die hintersten Wirbelchen — das letzte Ende fehlt — noch die Seitenschenkel der unteren Bogen erkennen; an der vorliegenden Neuerwerbung, welche auch noch die Schwanzspitze besitzt, kann man ferner beobachten, wie sie immer kleiner werden, um zwischen den letzten 12 Wirbelchen völlig zu verschwinden; auf den hintersten 7 zeigen sich übrigens auch keine Dornfortsätze mehr.

Rippen.

Tafel II Fig. 2. Tafel III. Tafel IV Fig. 1.

Bei der Besprechung des Epistropheus wurde schon erwähnt, daß sich auf der linken Flanke seines Wirbelkörpers eine kleine Halsrippe zeigt. Dieselbe ist zweiköpfig, und soweit ihre Erhaltung den Schluß gestattet, war das Tuberculum kürzer und schwächer als das Capitulum. Sie erreicht eine Länge von 5 mm, ist stark zusammengedrückt und war infolgedessen wohl ursprünglich hohl.

Am Atlas läßt sich entgegen den Angaben Lortet's[2]) keine Rippe beobachten, ich bin deshalb der Meinung, daß es sich dabei dort um jene des Epistropheus und nicht um die des Atlas handelt, da dieselbe nach der Abbildung bei Lortet einem Wirbelkörper anliegt, über dem sich ein großer oberer Bogen befindet, welcher nur jener des Epistropheus sein kann. Nach dieser Deutung wären bei dem Lortetschen Exemplar auch nicht fünf, sondern mindestens sechs Halswirbel zu zählen.

Parallel mit den Halswirbeln und denselben eng angelagert zeigen sich beiderseits Reste von Halsrippen, deren Erhaltung aber sehr zu wünschen übrig läßt. Es sind kurze, fast gerade Knochen, die im Gegensatz zu der Rippe des Epistropheus nicht verdrückt sind; ihre Articulationsflächen bleiben unklar, so daß sich nicht beobachten läßt, ob sie zweiköpfig waren wie die des Epistropheus. Die am besten erhaltene — sie liegt auf der rechten Körperseite — erreicht eine Länge von 10 mm.

In dem Winkel zwischen Coracoid und Episternum liegen auf der linken Körperhälfte zwischen kleinen Granulationen, die auf das knorpelige Sternum zurückzuführen sind,

---

[1]) Osborn l. c. b. S. 6.
[2]) Lortet l. c. S. 83.

die Bruchstücke von vier Rippen, welche bereits eine säbelförmige Krümmung zu erkennen geben.

Von den übrigen Rippen der Rumpfregion sind fast nur die distalen Enden derselben der Beobachtung zugänglich, von denen ich auf der rechten Körperseite in fortlaufender, am lateralen Rand des Coracoids beginnender und nur einmal durch eine Kluftfläche unterbrochener Reihe 35 zählen zu können glaube. Schon die erste derselben ist kräftig, die ihr folgenden werden allmählich stärker, um vom hinteren Ende des vorderen Rumpfdrittels ab bis nach hinten das gleiche Lumen beizubehalten. Viele von ihnen besitzen abgesehen von vielen Sprüngen eine oder auch zwei unregelmäßige Längsrinnen und bekunden dadurch ihre einstige hohle Beschaffenheit. Dicht aneinander gepreßt erwecken sie den Anschein, als ob sie dachziegelförmig übereinander lägen; auf diese Weise umrahmen sie in der Ventralansicht beiderseitig wie ein Wall den Rumpf des Tieres, dessen langgestreckte, zylindrische, dorsoventral etwas abgeflachte Gestalt durch die Gleichförmigkeit der Rippen bedingt ist.

Medialwärts von verschiedenen dieser distalen Rippenendigungen kann man rechts vereinzelte, dunkler wie die Knochen gefärbte, granulierte Spangen sehen, von denen eine noch in Verbindung mit dem Rippenende zu stehen scheint und in einem weiten Winkel sich nach einwärts und vorne wendet. Ich betrachte diese Bildungen als die knorpeligen ventralen Abschnitte der Rippen, wie ich sie bei Homoeosaurus beschreiben konnte[1]). Die bei dieser Gattung auftretende feine Ringelung an den ventralen knorpeligen Abschnitten der Rippen, die vermutlich durch partielle Verkalkung veranlaßt wird, fehlt an den bei unserem Individuum sichtbaren Stücken, dagegen läßt sich die Ringelung ganz ausgezeichnet bei dem (nicht abgebildeten) Originale Wagners[2]) zu seinem Anguisaurus Münsteri an verschiedenen ventralen Rippenabschnitten feststellen.

Besser lassen sich diese ventralen knorpeligen Rippenspangen am hinteren Ende der linken Rumpfseite in der Nähe der Kluft erkennen. Hier sind nämlich die seitlichen Stäbchen der Gastralia über den Rumpf hinaus geschoben und mit ihnen haben sich auch die Rippen und ihre ventralen Abschnitte derartig bewegt, daß die letzteren teilweise mehr oder weniger den distalen Rippenenden parallel, in einzelnen Fällen — mit Gastralrippen — außerhalb des Rumpfes zu liegen kamen.

Durch diese Verschiebung der seitlichen Gastralstücke zusammen mit den ventralen Rippenknorpeln geht hervor, daß dieselben miteinander ursprünglich verbunden waren — vielleicht auf ähnliche Weise, wie es Fürbringer[3]) bei Sphenodon (Hatteria) beschreibt. (Hier verbinden sich abwechselnd die seitlichen Stücke mit den ventralen Enden von verkälkten Rippenknorpeln).

Über die Rippen direkt vor dem Becken gibt unser Stück keinen Aufschluß. H. von Meyer[4]) nimmt weder für Pleurosaurus noch für Anguisaurus Lendenwirbel an, und Lortet[5])

---

[1]) Broili l. c. S. 8.

[2]) Wagner A., Neue Beiträge zur Kenntnis der urweltlichen Fauna des lithographischen Schiefers. 2. Abh. Schildkröten und Saurier. Abhandl. d. k. b. Akad. d. Wissensch. II. Cl. IX. Bd. 1. Abt. 1861. S. 40.

[3]) Fürbringer M., Zur vergleichenden Anatomie des Brustschulterapparates und der Schultermuskeln. Jenaische Zeitschrift für Naturwissenschaft. 34. Bd. 1900. S. 381.

[4]) H. v. Meyer, Fauna der Vorwelt. Reptilien aus dem lithographischen Schiefer des Jura von Deutschland und Frankreich. Frankfurt a. M. 1860. S. 118 und 119.

[5]) Lortet l. c. 85.

erwähnt nur von den letzten drei Dorsalrippen, daß sie relativ sehr kurz und weniger gekrümmt wie die vorderen waren und lediglich eine Länge von 23 mm besessen hätten. Demnach besaß Pleurosaurus entsprechend der Vermutung H. v. Meyers anscheinend wirklich keine Lendenwirbel.

Die erste Sacralrippe ist nicht erhalten. Auf die zweite habe ich bereits bei Besprechung des Beckens Bezug genommen, sie dürfte nach meinen dort gegebenen Ausführungen ähnlich wie jene von Homoeosaurus gebaut gewesen sein und einen nach hinten gerichteten Fortsatz besessen haben.

Nachdem an den Querfortsätzen der beiden vorderen Schwanzwirbel keine Suturen zu bemerken sind, bleibt die Frage, ob möglicherweise Rippen an ihrer Zusammensetzung beteiligt sind, unentschieden.

Allen übrigen Schwanzwirbeln fehlen Querfortsätze und Rippen.

Das Gastralskelett (die Bauchrippen).

Tafel III, Figur 1 und 2.

Direkt auf das Episternum folgt, von seinem Hinterrand nur durch einen schmalen Saum von auf ursprüngliche knorpelige Verbindung hinweisenden Granulationen getrennt, das erste Element des Gastralskeletts (Bauchrippen, Parasternum). Es handelt sich dabei um ein winklig gebogenes Mittelstück, dessen mittlerer Teil mir beim Präparieren wegsprang und nicht mehr gefunden werden konnte; sein Abdruck aber zeigt noch, daß es sich dabei um eine nach vorne breit dreiseitig zulaufende Platte handelt; der rechte Seitenschenkel ist zunächst bei seinem Ansatze freigelegt, verschwindet dann für ein kurzes Stück, um darauf, öfters durch Bruchlinien unterbrochen, dem Seitenschenkel des zweiten Mittelstückes parallel lateralwärts zu ziehen; auch der linke konnte auf eine ziemlich lange Erstreckung hin freigelegt werden. (Figur 8).

Der letztere steht durch eine Bruchzone mit dem Mittelstück in Verbindung; oberhalb dieser Verbindung wird, durch die gleiche Bruchzone vom Mittelstück getrennt, ein dornartiger Fortsatz sichtbar. Derselbe scheint ein kürzerer vorderer Seitenschenkel des Mittelstückes zu sein — und kein seitliches Stäbchen. Vor dem linken hinteren Seitenschenkel wird an der Stelle, wo ein seitliches Stäbchen sich einstellen sollte, ein zerbrochener Knochenrest sichtbar, der möglicherweise von einem solchen herrühren könnte; da er aber relativ stärker ist wie ein solches und auch eine andere Farbe aufweist, habe ich Zweifel, ob er wirklich ein solches und nicht einen verdrückten Rippenrest darstellt, zumal am Gastralskelett von Sphenodon vorne auch nur ein Mittelstück und keine Seitenstäbchen vorhanden sind.

Dem Hinterrand des ersten Mittelstückes aufgeschoben ruht das zweite auf. Dasselbe beginnt als schmale, vorne dreilappig werdende Platte, deren Außenränder allmählich divergieren, um in jene der Seitenschenkel überzuführen, die am Plattenhinterrand unter einem spitzen Winkel ansetzen, also relativ noch nicht sehr gespreizt sind. Dem lateralen Vorderrand des linken Schenkels angelehnt zeigt sich ein grätenartiges Seitenstäbchen, das der rechten Seite ist nicht erhalten geblieben. Spuren eines zweiten Seitenstäbchens sind nicht konstatierbar. Demnach setzt sich der Gastralbogen von Pleurosauraus wie bei Sphenodon (Hatteria) und Homoeosaurus aus einem mittleren unpaaren winkelig gebogenen Stück und je einem seitlichen grätenförmigen Stäbchen zusammen.

Die von nun ab nach rückwärts sich anschließenden Bogenelemente vergrößern sich allmählich und aus dem spitzen Winkel des Mittelstückes wird allmählich ein stumpfer, indem sich seine Schenkel mehr lateralwärts spreizen, um mit Beginn des zweiten Rumpfdrittels bis dicht an die erhaltenen Beckenreste hin ungefähr die gleiche Größe und Formengestaltung beizubehalten.

Während in der vordersten Rumpfregion an einem Gastralbogen für den einen Schenkel des Mittelstückes 12 mm, und für das seitliche Stäbchen zirka 13 mm Länge gemessen werden konnten, betragen in der hinteren Rumpfregion die entsprechenden Maße der betreffenden Elemente: 22 und 24 mm.

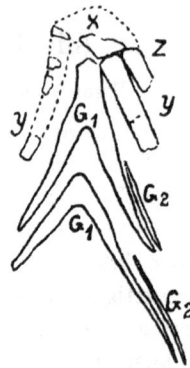

Figur 8.
Der Anfang des Gastralapparats. Um $^1/_3$ vergrößert.

x = das erste unvollständig erhaltene Mittelstück, sein rechter Seitenschenkel (y) ist nur unvollständig freigelegt, der linke ist besser erhalten, vor dem letzteren wird ein kürzerer vorderer Seitenschenkel sichtbar (z), von dem rechts sich nichts erhalten hat.
G 1 und G 2 = das 2. und 3. Mittelstück bezw. 2. und 3. linke Seitenstäbchen des 2. u. 3. Gastralbogens.

Daß die seitlichen Stücke der Gastralbogen, von denen vereinzelte eine schwache distale Verbreiterung erkennen lassen[1]), eine kostale Verbindung mit den Enden der ventralen knorpeligen Rippenspangen eingehen, ist bereits bei Besprechung der Rippen erwähnt worden.

Schon in der vorderen Rumpfregion ist deutlich zu sehen, daß entsprechend den Verhältnissen von Sphenodon und Homoeosaurus zwei Gastralbögen auf ein Rumpfmetamer fallen.

---

[1]) Diese distalen Verbreiterungen an den seitlichen Spangen der Gastralbogen, die ich auch bei Pterodactylus elegans beobachten konnte (Sitzungsberichte der b. Akad. d. Wissensch., math.-naturwiss. Abt., 1925, S. 32 Taf. II), zeigen sich auch ausgezeichnet an dem oben bei Besprechung der ventralen knorpeligen Rippenabschnitte genannten Originalexemplare von A. Wagner und anderen Stücken von Pleurosaurus der Münchner Sammlung.

Auf diese Weise ist die ganze Ventralseite des Rumpfes von Pleurosaurus von in engen Abständen aufeinander folgenden Gastralbögen geschützt, welche Abstände so knapp sind, daß nur geringe Wirbel- und Rippenstrecken ungedeckt bleiben und dadurch ein Bild hervorrufen, das an den dichten Bauchpanzer eines Stegocephalen erinnert[1]).

Die Hautbedeckung.

Tafel II. Tafel III, Figur 1. Tafel IV, Figur 2.

An verschiedenen Stellen des Skeletts hat sich die Hautbedeckung in Gestalt von Schuppen erhalten.

Am schönsten zeigt sich dieselbe auf der Oberseite des Schädels auf den Knochen zwischen Augen- und Schläfenöffnungen in Gestalt kleiner, sechsseitiger, sich dicht aneinanderschließender Schüppchen, mit einem Durchmesser von 1 bis 1,5 mm. Sie sind glatt und symmetrisch angeordnet.

Abdrücke von Schuppengrenzen sehen wir ferner auf den Unterkiefern und besonders gut am Längsschenkel des Episternums, auf dessen Oberfläche eine von vorne nach hinten

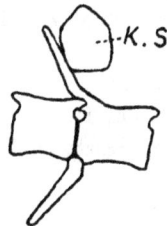

Figur 9.
Eine erhaltene Kammschuppe (KS) der Schwanzregion.
Um 1/3 vergrößert.

laufende, mit freiem Auge wahrnehmbare Zickzacklinie die Grenze zweier benachbarter Schuppenreihen zu erkennen gibt.

Weiter finden sich größere zusammenhängende Schuppenkomplexe in der Schwanzregion; dieselben sind in schrägen Reihen angeordnet, besitzen geriefte Ränder und haben einen rautenförmigen Umriß bei einem Durchmesser von ca. 5 mm. Sie unterscheiden sich also durch ihre rhomboidale Form von den deutlich sechsseitigen kleineren Schüppchen des Schädels und ebenso auch von jenen, welche Lortet[2]) bei seinem Pleurosaurus aus der Schwanzregion beschreibt und abbildet, welchen ebenfalls eine sechsseitige Gestalt zukommt. Schon aus diesem Grunde glaube ich, daß das Exemplar von Cerin, das überdies aus einem andern Horizont, dem Ober-Kimmeridge, stammt (unser Fund ist oberes Portland), eine andere Art darstellt.

---

[1]) Döderlein L., Das Gastralskelett (Bauchrippen oder Parasternum) in phylogenetischer Beziehung. Abhandlung d. Senckenberg. naturforsch. Ges. Bd. 26. 1901. S. 329. T. XXXI.

[2]) Lortet, l. c. S. 90. Fig. 6.

Völlig verschieden sind aber die bereits von H. v. Meyer und Andreae[1]) beschriebenen Schüppchen von Acrosaurus Frischmanni gebaut, die von sechsseitigem Umriß „mit einem Nabel oder Kiele" versehen sind. Schon dieses Merkmal genügt allein für die Selbständigkeit der Gattung Acrosaurus gegenüber Pleurosaurus.

Lortet hat außerdem bei seinem Stück dem Oberrand des Schwanzes folgende, große, rundliche Kammschuppen mit einer Höhe von 6 mm und einer Länge von 8 mm feststellen können, sie bilden dort ähnlich wie bei Hatteria einen Kamm und nach seiner Figur entspricht jedem Wirbel eine solche Kammschuppe.

An unserem Exemplar, bei dem in der Schwanzgegend die Wirbelsäule sekundär gegen die Dorsalkante verschoben wurde, treffen wir von diesen Kammschuppen nur drei an: die eine wird von den distalen Enden zweier Dornfortsätze umfaßt, die anderen beiden liegen gegenseitig etwas verschoben in ebenso dislozierter Stellung neben einander, drei Wirbellängen vor der erst genannten Kammschuppe.

Maße.

Die Gesamtlänge des Tieres dürfte 1,52 m betragen haben, erreicht also jenes Maß „1,5 m peut-être même plus", das Lortet[2]) schätzungsweise auf Grund seines nicht vollständigen Tieres, dem er eine Länge von 1,40 m gibt, und der übrigen damals bekannten Funde angenommen hat.

Länge des Schädels	8	cm
Rumpflänge einschließlich des Halses und des Beckens	48	„ (ca)
Länge des Halses bis zum Brustgürtel	3	„
Schwanzlänge	96	„
Länge der Vorderextremität	8,7	„
Länge der Hinterextremität	12	„
Länge des Humerus	3,1	„
Länge des Unterarmes	2	„
Länge des Femur	5	„
Länge des Unterschenkels	2,8	„

Die übrigen Maße sind bei der Besprechung der betreffenden Skeletteile angegeben.

Systematische Stellung und Verwandtschaft.

Es ist nicht der Zweck vorliegender Untersuchung, die verschiedenen Arten der Gattung Pleurosaurus zu bewerten, zumal Dames bereits versucht hat[3]), diese Frage zu lösen. Ich möchte dazu nur auf die großen Schwierigkeiten hinweisen, die sich dem

---

[1]) H. v. Meyer, Fauna der Vorwelt etc., l. c. S. 117.

Andreae A., Acrosaurus Frischmanni H. v. Meyer. Ein dem Wasserleben angepaßter Rhynchocephale von Solenhofen. Bericht der Senckenbergischen naturforschenden Gesellschaft in Frankfurt a. M. 1893. S. 30 und 33.

[2]) Lortet, l. c. S. 80 u. 81.

[3]) Dames W., Beitrag zur Kenntnis der Gattung Pleurosaurus H. v. Meyer, l. c. S. 13 (1119) usw.

Systematiker bei der spezifischen Abgrenzung solcher Lacertilier-ähnlichen fossilen Formen entgegen stellen; ich[1]) habe bereits Gelegenheit genommen, gelegentlich der Untersuchung der Sphenodon so ähnlichen Gattung Homoeosaurus darauf hinzuweisen, wie groß die Unterschiede in der Länge des Rumpfes und der Extremitäten innerhalb der männlichen und weiblichen Individuen einer Art bei den Lacertiliern sein können. Im übrigen hat Dames selbst auf die Bedeutung sexueller Unterschiede aufmerksam gemacht. Was das von ihm selbst untersuchte Individuum betrifft, so möchte ich es auch im Hinblick auf seinen schwach verknöcherten Carpus noch für ein jugendliches Tier halten, welche Meinung auch Fürbringer[2]) zum Ausdruck bringt. Auch dieser Faktor ist bei der Trennung der Arten in Rechnung zu setzen. Im Anschluß an die Tabelle von Dames sei noch die Länge des vorderen Sakralwirbels, die ca. 8 mm beträgt, genannt. Die übrigen Maße wurden bereits an anderer Stelle gebracht.

Was die spezifische Zugehörigkeit unseres Fundes betrifft, so stimmt derselbe hinsichtlich der Maße mit Exemplar III der Tabelle von Dames überein. das ursprünglich von Wagner[3]) als „2. Exemplar" von Auguisaurus Münsteri beschrieben und abgebildet wurde und durch Dames[4]) eine erneute teilweise Beschreibung und bessere Abbildung fand. Nachdem sich dasselbe in unserer Sammlung befindet, war ich in der glücklichen Lage, die Angaben von Dames nachzuprüfen. Seinen Maßangaben bezüglich des Humerus von 30 mm und des Unterarms von 21 mm, die ich bestätigen kann, stehen bei dem jetzt untersuchten Fund 31 mm bezw. 20 mm gegenüber. Für die Schädellänge seines Exemplares III gibt Dames 116 mm, während unser Pleurosaurus nur eine solche von 80 mm aufzuweisen hat. Während aber der letztere, dem die Schnauzenspitze fehlt, nicht verzerrt ist, ist jener des ersteren seitlich verdrückt und infolgedessen in die Länge geschoben, so daß ich der Meinung bin, daß der Schädel nicht die von Dames angenommene Länge erreicht hat, vielmehr hinsichtlich derselben unserem Pleurosaurus ziemlich nahe gestanden haben dürfte.

Bezüglich der meßbaren Körperproportion besteht also zwischen beiden Individuen kein nennenswerter Unterschied.

Es gilt nun noch eine bestehende Differenz zu beseitigen. Dames spricht sich über die Zahnzahl dieses Exemplares III folgendermaßen aus: „Der Größe der Kiefer und im Vergleich mit dem Stück von Cerin nach zu schließen, können für beide Kieferäste ungefähr 24 Zähne angenommen werden, gleich 96 Kieferzähne etc." Wie Dames auf die Zahl von 24 Zähnen für den Kiefer kommt, ist mir unverständlich. An dem von seiner Innenseite sichtbaren linken Oberkiefer, der bis auf die Schnauzenspitze sich fast vollständig zeigt, lassen sich 15 Zähne zählen, die gleiche Zahl in geschlossener Reihe auch auf dem rechten Oberkiefer (Dames bezeichnet denselben als den linken, dieser liegt aber tiefer, während der rechte oben in gleicher Höhe mit dem Vorderrand des rechten Auges und lateral außen vom rechten Palatinum liegt). Das durch einen weiten Zwischenraum von ihm getrennte Kieferstück mit seinen zwei Zähnen möchte ich für den vordersten Teil

[1]) Broili F., Beobachtungen an der Gattung Homoeosaurus etc. l. c. S. 107.

[2]) Fürbringer M., Zur vergleichenden Anatomie des Brustschulterapparates und der Schultermuskeln. Jenaische Zeitschrift f. Naturwissensch. 34. 1900. S. 294.

[3]) Wagner A., Schildkröten und Saurier etc. l. c. S. 42 (105).

[4]) Dames l. c. S. 16 (1122).

des linken Kieferastes halten und insgesamt unter der Voraussetzung, daß zwei oder drei Zähne auf dem fehlenden oder unsichtbaren Kieferreste wirklich vorhanden gewesen wären, höchstens 17—18 Zähne annehmen.

An dem von Watson[1]) beschriebenen Schädel von Pleurosaurus Goldfussi des britischen Museums ist nur der letzte Maxillarzahn sichtbar: Watson nimmt auf seiner Figur die Zahl von 13 Stück an.

Lortet[2]) kann an dem Kieferrand seines Individuums, welches er mit Pleurosaurus Goldfussi identifiziert, 13 Zähne beobachten.

Was die Zahl der erhaltenen Zähne an unserem Exemplar betrifft, so beträgt dieselbe 12 auf dem Maxillare; im Hinblick auf die unvollständige Erhaltung des letzteren glaube ich noch 2—3 mehr hinzuzählen zu dürfen, daß man also auf eine Gesamtzahl von 14—15 käme.

Nachdem nun hinsichtlich der Zahl der Zähne kein nennenswerter Unterschied zwischen dem Exemplar III der Tabelle von Dames und unserem besteht und nachdem Dames dieses Exemplar III mit Pleurosaurus Goldfussi vereint, zögere ich nicht, unseren neuen Fund der Gattung Pleurosaurus mit Pleurosaurus Goldfussi H. v. Meyer zu identifizieren, zumal das Originalexemplar in unserer Sammlung von Pleurosaurus Goldfussi selbst hinsichtlich der Längen des Ober- und Unterschenkels mit 41 mm bezw. 23 mm ähnliche Proportionen mit unserem Fund mit 50 mm bezw. 28 mm aufzuweisen hat.

Ob das Exemplar Lortets aus dem oberen Kimmeridge von Cerin wirklich, wie Dames will, mit Pleurosaurus Goldfussi ident ist, scheint mir nicht sicher, nachdem unser Tier, das aus dem unteren Portland herrührt, in der Schwanzregion rautenförmige im Gegensatz zu den dort sechsseitigen Schuppen aufzuweisen hat. Auch der mehr gedrungene, durch die relative Kürze (gegenüber Pleurosaurus) bedingte Schädel scheint auf eine andere Art hinzuweisen. Falls spätere Untersuchungen meine Zweifel in dieser Richtung bestätigen sollten, so würde ich vorschlagen, die Form nach dem so verdienstvollen Bearbeiter der Fauna von Cerin: Pl. Lorteti zu nennen.

Die grundlegenden Beobachtungen D. M. S. Watsons[3]) an dem Londoner Exemplar von Pleurosaurus, wonach dieser nur mit einer Schläfenöffnung ausgezeichnet sei, finden durch unseren neuen Fund volle Bestätigung. Pleurosaurus kann deshalb nicht mehr bei den typischen Rhynchocephalen belassen werden. Watson ist nun geneigt, auf Grund seiner Auffassung über die Homologie der Knochen der Schläfenregion des Lacertilierschädels, besonders der Agamiden, in Anlehnung an Boulenger[4]) Pleurosaurus und Verwandte als Acrosauria, eine den Pythonomorpha, Dolichosauria, Lacertilia und Ophidia gleichartige Unterordnung den Squamata anzugliedern.

---

[1]) Watson D. M. S., Pleurosaurus and the homologies of the bones of the temporal region of the lizard's skull. Annals and Magaz. Nat. Hist. Vol. 14, 8. Ser. 1914. S. 91. T. 92, Fig. 4.

[2]) Lortet l. c. S. 82.

[3]) Watson D. M. S., Pleurosaurus and the homologies of the bones of the temporal region of the lizards skull. Annals and Magaz. of Nat. Hist. Vol. 14, 8. Ser. 1914. S. 84.

[4]) Boulenger G. A., On some newly-described Jurassic and Cretaceous lizards and Rhynchocephalians. Annals a. Magaz. of Nat. Hist. Vol. 11, 6. Ser. 1893. S. 205.

Wenn hier auch die Knochen der Schläfenregion von Pleurosaurus völlig entsprechend mit Watson bestimmt sind, so bleibe ich doch auf der schon lange[1]) vertretenen Meinung bestehen und deute jetzt das Squamosum der übrigen Squamata (z. B. der Varaniden und Mosasaurier) nicht als Quadratojugale um. Diese Anschauung vertritt auch wiederholt Baron Huene.[2]) Das von ihm beobachtete Supratemporale[3]) bei Tylosaurus läßt sich im übrigen an Mosasaurierschädeln der Münchner Sammlung besonders gut bei Tylosaurus proriger erkennen.

v. Nopcsa[4]) hat bereits auf die lacertilier- und rhynchocephalenhaften Eigenschaften von Pleurosaurus hingewiesen, ich möchte aber glauben, daß die Rhynchocephalen-Merkmale überwiegen. Diese Merkmale sind: das feste Quadratum, das Foramen entepicondyloideum und ectepicondyloideum am Humerus, die bikonkaven Wirbel, Intercentra, die sich anscheinend bis in die ersten Schwanzwirbel verfolgen lassen, das ebenso wie bei den Rhynchocephalen entwickelte Gastralskelett, der kräftige dorsocaudalwärts gerichtete, mit Sphenodon und Homoeosaurus gemeinsame Fortsatz am Ischium.

Aus diesem Grunde kann ich mich nicht entschließen, die Acrosauria als Unterordnung den Squamata anzugliedern und betrachte sie deshalb innerhalb der Tocosauria als selbständige Ordnung, die aber mehr gemeinsame Merkmale mit den typischen Rhynchocephalen als mit den Squamata aufzuweisen hat.

Was die Beziehungen von Pleurosaurus und Verwandten zu Araeoscelis aus dem Perm von Texas anlangt, so scheint mir in dieser Frage Vorsicht, wie Williston[5]) sie übt, geboten zu sein. Gewiß besitzt diese Gattung unleugbare Ähnlichkeiten mit Pleurosaurus, die in dem Besitz des Foramen entepicondyloideum und ectepicondyloideum, der bikonkaven Wirbel, der Intercentra, der einen Schläfenöffnung bestehen. Diesen stehen aber wichtige Unterschiede wie die thecodonten oder protothecodonten Zähne, der abweichende Bau des Schulter- und Beckengürtels, der Mangel eines Gastralskeletts gegenüber. Ist in den genannten Ähnlichkeiten lediglich eine morphologische Konvergenz oder doch eine Verwandtschaft, die immerhin möglich sein kann, ausgedrückt? Mir machen in Bezug auf eine Verwandtschaft die thecodonten oder protothecodonten Zähne von Araeoscelis am meisten Bedenken.

---

[1]) Zittel, Grundzüge der Paläontologie. II. Auflage. (Broili, Koken, Schlosser.) 1911. S. 208 und 212. Fig. 341 und 346.

[2]) Huene F. v., Stammlinien der Reptilien. Centralblatt für Mineralogie etc. 1925. Abt. B. Seite 233.

[3]) Huene F. v., Ein ganzes Tylosaurus-Skelett. Geolog. und Paläont. Abhandl. 8. (12). 1910. S. 10 und 19.

[4]) Nopcsa Fr. Baron, Die Familien der Reptilien. Fortschritte der Geologie und Paläontologie. Heft 2. Berlin 1923. S. 71.
Der hier ausgesprochenen Meinung Nopcsa's, daß Palacrodon Broom aus der Cynognathus-Zone ident mit Pleurosaurus aus dem oberen Jura sei, kann ich nicht beipflichten und die Gattung höchstens, wie Nopcsa das auch früher getan hat, (Nopcsa F. Baron, Zur systematischen Stellung von Palacrodon. Centralblatt f. Mineralogie etc. 1907. S. 526) für einen Verwandten von Acrosaurus halten. Die letztere Gattung ist auf Grund ihrer abweichenden Beschuppung, wie von anderen bereits festgestellt ist, von Pleurosaurus generisch zu trennen.

[5]) Williston S. W., The osteology of some American Permian Vertebrates. Journal of Geology. Vol. 22. (4) 1914. S. 400.

Biologische Bemerkungen.

Bezüglich der Körpergestalt der Gattung Pleurosaurus läßt sich auf Grund der gleichmäßigen kräftigen Berippung und des mächtig entwickelten Gastralskeletts annehmen, daß der Rumpf eine dorso-ventral abgeplattete, walzenförmige Gestalt besaß, die allmählich in einen rundlichen, langen und spitz auslaufenden Schwanz überging, welcher doppelt so lang war wie der präsakrale Abschnitt des Rumpfes. Im auffallenden Gegensatz zu der langen, schlanken Körpergestalt stehen die kleinen Vorder- und Hinterextremitäten.

Die Hautbedeckung bestand aus oberflächlich glatten Schuppen, welche am Kopf von sechsseitiger Gestalt symmetrische Anordnung zeigen, während sie am Schwanz im Gegensatz zu dem von Lortet beschriebenen Pleurosaurus, wo sie die sechsseitige Form beibehalten, rautenförmig werden und in schrägen Reihen angeordnet sind. Außerdem ist in der Schwanzregion ein Rückenkamm von größeren rundlichen Schuppen vorhanden.

Die auffallende Kleinheit der Extremitäten in ihrem Verhältnis zum Körper haben sowohl Andreae[1]) wie Dames[2]) zur Annahme veranlaßt, Acrosaurus bezw. Pleurosaurus als dem Wasserleben gut angepaßte Tiere zu betrachten. Acrosaurus hatte wohl nach der Meinung von Andreae als Schwimmfüße zu bezeichnende Extremitäten besessen, bei denen die Zehen möglicherweise durch Schwimmhaut verbunden waren; Pleurosaurus, dessen Extremitäten wohl kaum eine wesentliche Funktion zukam, bewegte sich nach Anschauung von Dames in Anlehnung an die bereits früher von Lortet[3]) ausgesprochene Ansicht mit Hilfe seines langen, muskulösen, seitlich komprimierten Schwanzes, der nach ihm der hauptsächlichste Träger der Schwimmbewegung war, die in einem Schlängeln des Körpers — in derselben Weise wie bei Aalen und Seeschlangen — bestand und an welchem auch der Rumpf teilgenommen haben soll. „Der ganze langgestreckte biegsame Körper," sagt Andreae, „deutet an, daß er sich auf dem Lande wohl mehr durch schlängelnde Körperbewegung als vermittelst seiner schwachen Füßchen forthalf. Ein Klettern nach Art der Eidechsen mit ihren schmalen langen Fingern war ganz ausgeschlossen." Bei den kleinen Extremitäten von Pleurosaurus zeigt sich nach Dames keine Annäherung an die Ausbildung zur Flosse der Ichthyopterygier oder Sauropterygier, ja nicht einmal das Stadium der Schildkröten, Pythonomorphen oder Cetaceen — Hyperphalangie und Verlust der Krallenform der Endphalangen — ist erreicht, sondern der Schreitfuß des Landtieres ist beibehalten und in dieser Form der Atrophie unterworfen, wodurch nach Dames der deutliche Beweis gegeben ist, daß die Extremitäten weder beim Schwimmen noch beim Kriechen eine wesentliche Funktion übernahmen, sondern in beiden Fällen schwache Hilfe gaben.

Die Anschauung von der hochgradigen Anpassung der Pleurosaurier (Acrosaurier) an das Wasserleben ist allgemein angenommen worden und hat mit mehr oder weniger

---

[1]) l. c. S. 30 und 33.
[2]) l. c. S. 4 (1110) und 10 (1116).
[3]) l. c. S. 88.

Einschränkung Eingang in Lehrbücher gefunden. Abel will offenbar in Anlehnung an Andreae für die Gruppe kleine Flossen annehmen[1]).

Ist diese Annahme von der Anpassung der Pleurosauria an das Wasserleben auf Grund des Materials auch wirklich berechtigt?

Oberarm und Unterarm, Oberschenkel und Unterschenkel von Pleurosaurus haben rhynchocephale Züge, d. h. sie errinnern sehr an jene von Sphenodon (Hatteria) und Homoeosaurus, was besonders in der gemeinsamen Entwicklung des Canalis entepicondyloideus und des Canalis ectepicondyloideus zum Ausdruck kommt.

Lortet hat bei seinen Untersuchungen hinsichtlich der Hand bei Pleurosaurus festgestellt, daß im linken Carpus acht Carpalia vorhanden sind, daß die Metacarpalia annähernd gleiche Größe besitzen mit Ausnahme des etwas kürzeren Daumens, dessen proximales Ende auffallend breiter ist als das der übrigen, daß die Phalangenformel der Hand 2 — 3 — 4 — 5 — 3, also die gleiche ist, wie bei Homoeosaurus, und schließlich daß kräftige und spitze Krallenphalangen entwickelt sind; am Tarsus konnte er ein Tibiale und Fibulare in der proximalen und ein weiteres Element in der distalen Reihe, hinsichtlich der Länge und Breite differenzierte Metatarsalia, und verschieden lange Phalangen, deren Zahl 2 — 3 — 4 — 5 — 4 beträgt, beobachten; die Krallenphalangen sind sehr verbreitert an ihrer Basis, sodaß sie fast dreiseitig erscheinen, sie haben eine Länge von 5 mm und eine Breite von 3 mm, jene der fünften Zehe ist die breiteste.

Nach Andreae beträgt bei Acrosaurus die Phalangenzahl der Hand 2 — 3 — 4 — 5 — 3 und die des Fußes 2 — 3 — 4 — 5 — 4, und die Endphalangen sind breit und vorn klauenartig zugespitzt.

Dames kann an seinem Individuum von Pleurosaurus an den unvollständig erhaltenen Extremitäten die Zahl der Phalangen nicht feststellen, aber an dem äußersten Finger glaubt er die Endphalange einer Kralle zu erblicken und kommt zu dem Schluß, daß eine Hyperphalangie und Verlust der Krallenform nicht eintritt und daß der Schreitfuß des Landtieres beibehalten ist.

An dem hier untersuchten Exemplar der Gattung Pleurosaurus sind im Carpus fünf verknöcherte Elemente zu zählen, von den Metacarpalia ist das erste das kürzeste und proximal sehr stark verbreitert. Die Zahl der Finger, deren Gelenkrollen gut verknöchert sind, deckt sich mit den von Lortet und Andreae gemachten Angaben, stimmt also mit Sphenodon, Homoeosaurus, Lacertiliern und Archosauriern überein und ebenso wie bei diesen ist der vierte Finger der längste uud die Endphalangen sind kräftige, gekrümmte, spitze Klauen, die proximal auf der Unterseite einen knopfartigen Höcker tragen. In der proximalen Reihe des Tarsus begegnen wir einem Tibiale und Fibulare, die zusammen durch ihren halbschuhförmigen Umriß sehr an die entsprechenden Elemente bei Sphenodon und Homoeosaurus erinnern, in der distalen Reihe zeigen sich die Reste von zwei (drei?) Knöchelchen. Wie an der Hand ist auch hier das erste Metatarsale das kürzeste und proximal sehr verbreitert, und das fünfte läßt eine deutliche Krümmung nach

---

[1]) Zittel, Broili u. Schlosser, Grundzüge der Paläontologie. 4. Aufl. 1923. S. 250.

Abel O., Die Stämme der Wirbeltiere. 1919. S. 446. Grundzüge der Palaeobiologie der Wirbeltiere. Stuttgart 1912. S. 130.

Williston S. W., Water reptiles of the past and present. Univ. of Chicago Press. Chicago 1914. Seite 136/37.

innen erkennen. Die Zahl der Zehenglieder ist infolge ihrer mangelhaften Erhaltung nicht mit Sicherheit festzustellen, es besteht aber kein Zweifel, daß sie mit den Angaben von Lortet und Andreae übereinstimmt und 2 — 3 — 4 — 5 — 4 beträgt. Die Endphalangen besitzen die gleiche kräftige Krallenform wie jene der Vorderextremität. Demnach liegt also eine typische Schreithand bezw. Schreitfuß bei Pleurosaurus vor, die sich gegenüber Homoeosaurus und Sphenodon nur durch ihre größere Gedrungenheit unterscheiden.

Daß bei Pleurosaurus die Vorderextremität kleiner wie die Hinterextremität ist, ist eine sehr vielen Reptiliengruppen eigentümliche Erscheinung, sie verhalten sich aber

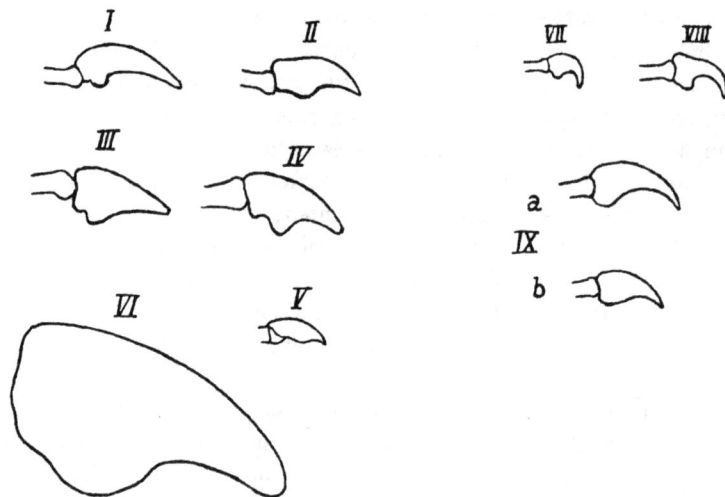

Figur 10. (Siehe Seite 38).

  I. Kralle von Iguana tuberculata Rezent. 5. Zehe, Hinterextremität. Nat. Größe.
 II. Kralle von Varanus salvator. Rezent. 2. Finger, Vorderextremität. Nat. Größe.
III. Kralle von Pleurosaurus Goldfussi. Ob. Jura. Unser Exemplar. 2. Finger, Vorderextremität. Typus aller Endphalangen. 3 ×.
 IV. Kralle von Casea Broilii. Perm. Texas. Nat. Größe, nach Williston.
  V. Kralle von Sphenodon punctatus. Rez. Nat. Größe, nach Osborn.
 VI. Kralle von Naosaurus sp. Perm. Texas. Nat. Größe, nach Case.
VII. Kralle von Rhamphorhynchus Münsteri. Ob. Jura. Vorderextremität. Nat. Größe.
VIII. Kralle von Rhamphorhynchus longicaudus. Ob. Jura. Vorderextremität. 3 ×.
 IX. a) Kralle von Pterodactylus Kochi. Ob. Jura. Vorderextremität. 3 ×.
     b) Desgleichen Hinterextremität des nämlichen Individuums. Man beachte den Größenunterschied gegenüber jener der Vorderextremität. 3 ×.

hinsichtlich ihrer Länge gegenseitig durchaus proportional wie bei Gattungen, die im Gegensatz zu dem langgestreckten Rumpf unserer Form einen solchen von normalem Bau besitzen; so zeigt dei Vorderextremität von unserem Pleurosaurus eine Länge von 8,7 cm, die Hinterextremität eine solche von 12 cm und an einem mir vorliegenden Skelett von Sphenodon (Hatteria) messe ich vergleichsweise entsprechend 8,6 cm bezw. 12,1 cm. Im Verhältnisse zum stark verlängerten Rumpf zeigen

also die beiden Extremitäten von Pleurosaurus eine durchaus proportionale gleich-
förmige Verkürzung, es ist keine Bevorzugung der einen Extremität gegenüber der anderen
eingetreten, wie das vielfach bei Formen, die dem Wasserleben angepaßt sind, erfolgt.

Von den bisher bekannten Resten des Schultergürtels zeigt unser Fund bei
weitem den vollkommensten Erhaltungszustand. Auf die Ähnlichkeit desselben mit jenem
von Sphenodon und den Lacertiliern haben Dames[1]) wie Fürbringer[2]) mit Recht hingewiesen und diese ihre Meinung findet durch unser Stück erhöhte Bestätigung. Unter den
ausgestorbenen Formen besitzen Homoeosaurus und Champsosaurus[3]) Schultergürtel von
ähnlichem Bau.

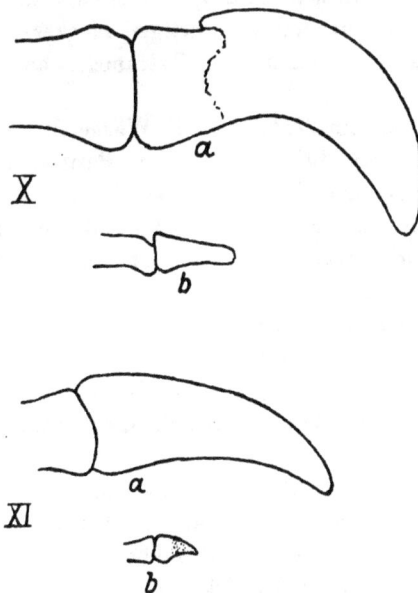

Figur 10 (Fortsetzung).

X. a) Kralle des 1. Fingers von Thalassochelys caretta. Rezent. Nat. Größe.
 b) Endphalange des 5. Fingers des nämlichen Individuums. Nat. Größe.
XI. a) Kralle der 1. Zehe von Caiman niger. Rezent. Nat. Größe.
 b) Endphalange des 4. Zehe des nämlichen Individuums. Diese rückgebildete 5. Endphalange ist
  nur teilweise verknöchert, die knorpelige Spitze ist punktiert. Nat. Größe.

Die Originale befinden sich teils in der paläontologischen, teils in der zoologischen Staatssammlung
in München.

Was den Beckengürtel betrifft, so hebt Dames die auffallende Übereinstimmung
des Beckens von Pleurosaurus mit Sphenodon hervor; die geringen Differenzen, die bei
seinem Stück gegenüber dem Individuum von Lortet bestehen, dürften, abgesehen von
dem möglichen Spezies-Unterschied, darin zu suchen sein, daß das Berliner Stück ein

---

[1]) l. c. S. 6.
[2]) l. c. S. 294.
[3]) Brown-Barnum, The Osteology of Champsosaurus Cope. Mem. Americ. Mus. Nat. Hist. IX. 1.
1905. S. 17 Taf. II.

jugendliches Individuum darstellt. Auch Osborn[1]) hat Gelegenheit genommen, Ähnlichkeit im Becken zwischen Sphenodon (Hatteria) und Pleurosaurus vergleichsweise bildlich zur Darstellung zu bringen. Wie der Schultergürtel ist auch das Becken von Homoeosaurus sehr ähnlich dem von Pleurosaurus gestaltet.

Aus diesen Bemerkungen dürfte zur Genüge hervorgehen, daß bei den Pleurosauriern die Extremitäten und ihre Gürtel durchaus die charakteristischen Merkmale terrestrer Reptilien beibehalten haben und daß von irgend einer Reduktion an denselben nicht gesprochen werden kann.

Pleurosaurus besitzt, wie wir gesehen haben, an allen Fingern und sämtlichen Zehen kräftige gekrümmte und spitze Krallen, welche auf ihrer Unterseite proximal einen deutlich hervortretenden knopfartigen Höcker tragen.

Der Besitz von Krallen weist bei den Tetrapoden auf Locomotion auf festem Grunde hin (Figur 10).

„Die Ausbildung der Gliedmaßen", sagt F. Werner,[2]) „namentlich aber der Zehe, läßt weitgehende Schlüsse auf die Lebensweise ihrer Besitzer zu. Drehrunde oder seitlich zusammengedrückte Finger und Zehen gehören in der Regel einem Reptil an, das sich vorwiegend gehend oder laufend bewegt; sind die Krallen an ihnen lang, scharf und gekrümmt, so kann man sich darauf verlassen, daß der betreffenden Eidechse auch die Kunst des Kletterns nicht fremd ist."

Daß bei der Annahme der aquatischen Lebensweise die Nägel und Krallen reduziert werden, ist nach Abel[3]) eine Erscheinung, die bei allen sekundär zu Wassertieren gewordenen Wirbeltieren zu beobachten ist, ebenso wie sich schon in den ersten Anfängen der Anpassung an das Leben im Wasser Zwischenfingerhäute und Zwischenzehenhäute einstellen.

Dies läßt sich sehr gut bei den Seeschildkröten beobachten, wo die Nägel flach geworden sind und Neigung zur Reduktion zeigen, so daß bei ausgewachsenen Tieren die Nägel der hinteren Extremität vollständig fehlen können.[2])

Nachdem von einer Rückbildung der Extremitäten ebenso wie der Endphalangen bei Pleurosaurus keine Rede sein kann, müssen diese stark gekrümmten Krallen, die im Gegensatz zu den flachen Endphalangen der Krokodile durch den Besitz eines knopfartigen Höckers auf dem proximalen Ende der Unterseite eine auffallende Ähnlichkeit mit denen von Varanus salvator und griseus, Uromastix spinipes und besonders jenen von Iguana tuberculata zu erkennen geben, als erste und wichtigste Funktion die Fortbewegung auf dem Lande, vielleicht sogar das Klettern vermittelt haben. Eine Bedeutung zum Erfassen und Festhalten der Nahrung dürften sie, ebensowenig wie die Krokodilier und Lacertilier zu diesem Zwecke weder Krallen noch Vorderbeine gebrauchen, kaum besessen haben, dagegen konnten sie wohl als Waffe Verwendung finden.

In diesem Zusammenhange sei darauf hingewiesen, daß die Krallen der Flugsaurier, welche doch sicher zum Klettern und Festhalten dienten, ganz ähnliche Ge-

---

[1]) Osborn H. F., The Reptilian subclasses Diapsida and Synapsida and the early history of the Diaptosauria. Mem. Americ. Mus. Nat. Hist. Vol. I. 8. 1902. S. 496. Fig. 22.

[2]) Werner F., Amphibien und Reptilien I. (Körperbau und Lebensweise I). Aus Naturwissenschaftliche Wegweiser, Sammlung gemeinverständlicher Darstellungen. Serie A. Herausgegeben von Prof. Dr. K. Lampert. Bd. 15. S. 80 und 44.

[3]) Abel O., Grundzüge der Palaeobiologie der Wirbeltiere. Stuttgart 1912. S. 477.

staltung wie die von Pleurosaurus und der genannten rezenten Formen zeigen; auch sie sind gekrümmt, spitz und an der Unterseite, wie ich das bei Rhamphorhynchus longicaudus, Pterodactylus scolopaciceps, Pt. longirostris, Kochi beobachten kann, proximal stark verdickt und lassen bei guter Erhaltung, wie z. B. an der Vorderextremität von Rh. Münsteri Goldf. var. hirundinaceus Wagner, eine ähnliche knopfartige Erhöhung erkennen.

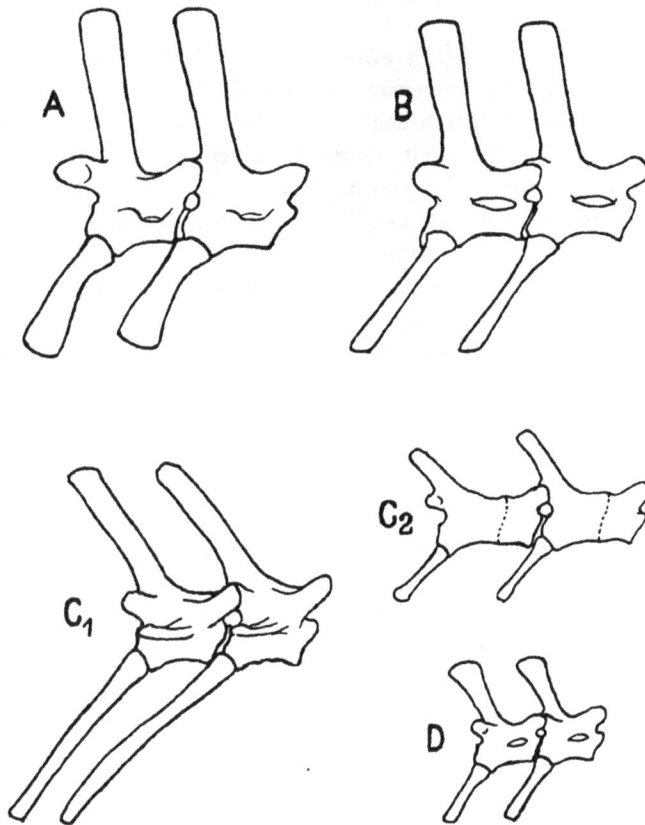

Figur 11. (Siehe Seite 40.)

A Schwanzwirbel von Varanus occellatus. Rezent. Landform mit seitlich komprimiertem Schwanz. Dornfortsätze länger wie untere Bogen. Nat. Größe.

B Schwanzwirbel von Varanus salvator. Rezent. Wasserliebender Varan mit seitlich komprimiertem Schwanz. Dornfortsätze länger wie untere Bogen. Nat. Größe.

C 1 Vordere Schwanzwirbel von Metopoceros cornutus. (Iguanide). Rezent. Nat. Größe.

C 2 Hintere Schwanzwirbel des nämlichen Individuums. Nat. Größe.

Bei Metopoceros, einer Landform, sind in der vorderen Schwanzregion die unteren Bogen länger wie die Dornfortsätze und bilden hier die Achse des seitlich komprimierten Schwanzes, der nach hinten, wo untere Bogen und Dornfortsätze gleich groß werden, einen rundlichen Querschnitt bekommt.

D Schwanzwirbel von Varanus griseus. Rezent. Landform mit drehrundem Schwanz. Dornfortsätze so lang wie untere Bogen. Nat. Größe.

Da auch bei Acrosaurus alle Endglieder der die normale Phalangenzahl auf-
zeigenden Extremitäten, die nach Andreae überdies relativ länger als bei Pleurosaurus
sind, Krallen sind, gilt bezüglich ihrer Funktion im wesentlichen das gleiche (die Kralle
von Acrosaurus zeigt nicht den knopfartigen Höcker der Unterseite), wie das bei Pleurosaurus gesagte.

Nach der Meinung von Lortet[1]) und Dames[2]) war der lange, seitlich komprimierte
Schwanz bei Pleurosaurus der hauptsächlichste Träger der Schwimmbewegung.

Besaß Pleurosaurus wirklich einen seitlich komprimierten Schwanz?

Eine rundliche oder seitlich komprimierte Form des Schwanzes, welche für die rezente
Systematik der Reptilien von einiger Bedeutung ist, läßt sich an fossilen Formen auf Grund
des Skeletts nur bei guter Erhaltung mit einiger Sicherheit ableiten (Fig. 9, 11; Taf V, Fig. 1).

An rezentem Skelettmaterial der Gattung Varanus der Münchner zoologischen Staatssammlung kann man beobachten, daß bei Varanus griseus, einer Landform, die einen
drehrunden Schwanz besitzt, Dornfortsätze und untere Bogen sich in ihren Längen
ungefähr die Wage halten, während bei Varanus occellatus, gleichfalls einer
Landform, und den wasserliebenden Varanus salvator und V. niloticus, welche alle drei mit
einem seitlich komprimierten Schwanz ausgestattet sind, — die Dornfortsätze länger als
die unteren Bogen sind.

Umgekehrt treffen wir an den vorderen Schwanzwirbeln von Metopoceros
cornutus (Iguanide, Landform) längere untere Bogen als Dornfortsätze, welche das Achsen-
skelett eines vorne seitlich komprimierten Schwanzes bilden, der nach hinten, wo
untere Bogen und Dornfortsätze gleich groß werden, rundlichen Querschnitt bekommt.
Daraus kann mit einiger Sicherheit bei Tocosauriern gefolgert werden, daß
verschieden lange Dornfortsätze und untere Bogen in der Schwanzgegend auf eine
Form mit seitlich komprimiertem Schwanz, und mehr oder weniger gleich große
Dornfortsätze und untere Bogen auf ein Tier mit rundlichem Schwanz zurückzuführen
sind. Nachdem diese letztere Eigenschaft bei unserem Pleurosaurus sich zeigt,
dürfen wir also für ihn eine rundliche und keine seitlich komprimierte
Schwanzform annehmen.

Bei der vorausgehenden Zusammenstellung ist von Interesse, daß der Besitz eines
seitlich komprimierten Schwanzes kein absolut bezeichnendes Kriterium für
Reptilien bedeutet, welche besonders gern das Wasser aufsuchen, da sowohl die
wasserliebenden Varanus salvator und niloticus als auch die ausgesprochenene Landform
Varanus occellatus mit einem solchen ausgestattet sind.

Der Schwanz von Pleurosaurus ebenso wie der von Acrosaurus zeigt an seinem
Ende keinerlei Differenzierungen, wie solche für diese Region bei den wirklich dem
Wasserleben angepaßten Gruppen, etwa den Ichthyosauriern, Metriorhynchiden oder Mosa-
sauriern bezeichnend sind, er läuft vielmehr allmählich spitz aus ähnlich wie der von
Hatteria oder eines normalen Lacertiliers.

---

[1]) Lortet, l. c. S. 88: „Sa queue, très aplatie latéralement, devait flageller les eaux avec
vigueur.“

[2]) Dames, l. c. S. 4: „Der muskulöse, seitlich komprimierte Schwanz, der hauptsächliche Träger
der Schwimmbewegung“.

Nachdem die Extremitäten keine Anpassungserscheinungen an das Meerleben zu erkennen geben, müßten solche, wenn die Anschauung der oben genannten Autoren beweiskräftig sein sollte, wenigstens hier am Schwanz zum Ausdruck kommen, entweder in einer Form wie bei den oben genannten Wasserbewohnern oder ähnlich jener der Seeschlangen, wo der lateral komprimierte Schwanz stets abgerundet und nicht wie das bei Pleurosaurus und Acrosaurus der Fall ist, zugespitzt endet.

Man könnte nun vergleichsweise auf das gleichfalls spitz auslaufende Ende der Wirbelsäule des wasserbewohnenden Mesosaurier oder der Aigialosaurier hinweisen, aber bei den ersteren machen sich im Bau der Extremitätengürtel schon deutliche Anpassungserscheinungen geltend; an den Extremitäten ist die Zahl der Phalangen teilweise reduziert,[1] teilweise wird Hyperphalangie angegeben — so hat der 4. Finger von Mesosaurus nur 4, die 5. Zehe von Noteosaurus 6 und von Mesosaurus brasiliensis 5 Phalangen, und die Endphalangen sind keine Klauen, sondern breit dreieckig und rückgebildet.[2]

Was die Aigialosaurier betrifft, so ähnelt das von Baron Nopcsa[3] gegebene Rekonstruktionsbild von Opetiosaurus in dem spitzen Auslaufen des Schwanzes zwar unserem Pleurosaurus, aber sowohl Dornfortsätze wie untere Bogen sind dort in der entsprechenden Region relativ viel höher und verkürzen sich erst gegen die Schwanzspitze zu ziemlich schnell, während bei Pleurosaurus diese Elemente kleiner sind und nur ganz allmählich nach hinten an Höhe abnehmen. Da nach v. Nopcsa bei den Aigialosauriern die Extremitäten nur wenig reduziert sind, betrachtet er sie auch mit Recht als terrestrische und litorale Tiere.[4]

Auf Grund dieser Ausführungen können wir Pleurosaurus und ebenso wohl auch Acrosaurus nicht mehr als dem Leben im Wasser angepaßt, sondern müssen sie als Landformen betrachten, wobei nicht ausgeschlossen ist, daß sie wie Hatteria und gewisse Varane oder der mit ihnen in den gleichen Ablagerungen sich findende Homoeosaurus es tun, das Wasser aufsuchten. Dabei ist aber in Erwägung zu ziehen, daß die Skelette von Homoeosaurus nur in den seltensten Fällen disloziert, vielmehr wohl erhalten sind und infolgedessen teilweise den Eindruck erwecken, als seien die Tiere eben verendet oder nicht weit transportiert; im Gegensatz dazu weisen die bisher bekannten Reste von Pleurosaurus, mit Ausnahme des hier beschriebenen Fundes und der Originale von Lortet und Dames, auf einen viel höheren Grad des Zerfalles bezw. des weiteren Transportes hin (in welchen Fällen allerdings die Länge des Tieres wohl auch eine Rolle spielt) und es scheinen dieselben bereits als tote Tiere vom Lande ins Wasser geschwemmt zu sein.

Was Pleurosaurus und Acrosaurus zu der bezeichnenden und auffallenden Erscheinung macht, ist der Kontrast, welcher zwischen dem langgestreckten

---

[1] Stromer E., Die ersten fossilen Reptilreste aus Deutsch-Südwestafrika und ihre geologische Bedeutung. Centralblatt für Mineralogie, Geologie und Paläontologie. 1914. S. 535.

[2] Osborn H. F., The Reptilian subclasses Diapsida and Synapsida and the early history of the Diaptosauria. Mem. Americ. Mus. Nat. Hist. Vol. I. Part. 8. 1903.

[3] Nopcsa F. Baron, Über die varanusartigen Lacerten Istriens. Beitr. zur Paläontologie und Geologie Oesterreich-Ungarns und des Orients. XV. 1903. T. VI Fig. 1.

[4] Nopcsa F. Baron, Eidolosaurus und Pachyophis, zwei neue Neokom-Reptilien. Paläontographica 65. Bd. 1923. S. 144.

Körper und den kleinen Extremitäten besteht. Hinsichtlich der Größenverhältnisse dürfte diese eigentümliche Gestalt und die Proportionen bei Pleurosaurus innerhalb der rezenten und fossilen bis jetzt bekannten Reptilien unerreicht sein. In verkleinertem Maßstab aber sehen wir die äußere Körperform (im Skelettbau bestehen weitgehende Unterschiede) bei den Lacertiliern kopiert, ohne daß sich irgend eine nähere Verwandtschaft bei den betreffenden Formen nachweisen ließe — eine Erscheinung, auf die an anderer Stelle bereits hingewiesen wurde.[1]

Zunächst ist dies der Fall innerhalb der Familie der terrestren Anguidae bei der pentadactylen bekrallten Gattung Gerrhonotus und zwar besonders bei G. liocephalus, von dem ich zwei Individuen unserem Pleurosaurus gegenüberstellen kann. Die Maße des einen sind Boulenger[2] entnommen, die des anderen verdanke ich der Freundlichkeit des Herrn Prof. L. Müller von der zoologischen Staatssammlung.

Gerrhonotus liocephalus	I (Brit. Mus.)	II (München)	Pleurosaurus
Kopfrumpflänge	133 mm	84 mm	56 cm
Schwanzlänge	270 mm	124 mm	96 cm
Kopf	29 mm	19 mm	8 cm
Vorderfuß	39 mm	20 mm	8,7 cm
Hinterfuß	46 mm	27 mm	12 cm

Die Maße bei dem im westlichen Nordamerika und Mexiko auftretenden Gerrhonotus liocephalus zeigen, wie sehr hinsichtlich der Körperdimension verschieden alte Individuen von einander abweichen können, das Münchner junge Exemplar hat einen bedeutend kürzeren Schwanz, der bei dem Londoner über doppelt so lang wie die Kopfrumpflänge wird, auch hinsichtlich des Verhältnisses des Kopfes zu den Extremitäten bestehen ziemliche Unterschiede. Das Verhältnis der Vorderextremität zur Hinterextremität ist demnach der Tabelle entsprechend: 1:1,2; 1:1,4 und 1:1,4. Die Vorderextremität bezw. Hinterextremität sind in ihrer Länge in der Kopfrumpflänge enthalten: 3,4 bezw. 2,8 mal; 4,2 bezw. 3,1 mal und 6,4 bezw. 4,6 mal.

Als zweites Beispiel einer Pleurosaurus ähnlichen Körperform sei die Gattung Lygosoma aus der Familie der Scincidae angeführt. Diese Gattung bietet auch für den Palaeontologen deshalb besonderes Interesse, weil bei ihr alle Übergänge von der pentadactylen, wie Gerrhonotus die normale Phalangenzahl besitzenden[3] und bekrallten Extremität bis zur vollkommenen Fußlosigkeit auftreten können.

Ich bringe hier die Maße von zwei australischen Arten, die Boulenger[4] entnommen sind, bei einer Art verdanke ich außerdem die Zahlen eines weiteren Individuums der Güte des Herrn Prof. L. Müller:

[1] Broili F. und Fischer E., Trachelosaurus Fischeri nov. gen. nov. spec. Ein neuer Saurier aus dem Buntsandstein von Bernburg. Jahrb. d. k. p. Landesanstalt für 1916. (37. Bd. Teil 1.) S. 413.

[2] Boulenger G. A., Catalogue of the lizards in the British Museum. (Nat. Hist.) 2. Edit. Vol. II. 1885. S. 275/76.

[3] Siebenrock F., Zur Kenntnis des Rumpfskeletts der Scincoiden, Anguiden und Gerrhosauriden. Annalen d. k. k. naturhist. Hofmuseums. Bd. X. Wien 1895. S. 34—38. Lygosoma und Gerrhonotus Hand: 2, 3, 4, 5, 3. Fuß: 2, 3, 4, 5, 4.

[4] Boulenger l. c. Vol. III. 1887. S. 324 u. 327.

Lygosoma punctulatum	L. Peronii I (Brit. Mus.)	II (München)	Pleurosaurus
Kopfrumpflänge 55 mm	57 mm	50 mm	56 cm
Schwanzlänge . 90 mm	95 mm	96 mm	96 cm
Kopf . . . . 10 mm	9 mm	9 mm	8 cm
Vorderfuß . . 7 mm	7 mm	6 mm	8,7 cm
Hinterfuß . . 12 mm	13 mm	11 mm	12 cm

Das Verhältnis der Vorderextremität zu der Hinterextremität beträgt hier der vorausgehenden Reihenfolge entsprechend: 1 : 1,7; 1 : 1,9; 1 : 1,8; 1 : 1,4. Die Vorderextremität bezw. die Hinterextremität sind in ihrer Länge in der Kopfrumpflänge enthalten: 7,8 bezw. 4,5 mal, 8,1 bezw. 4,3 mal, 8,3 bezw. 4,5 mal und 6,8 bezw. 4,6 mal.

Hier ist die weitgehende Ubereinstimmung der entsprechenden Körperproportionen besonders bei Lygosoma Peronii — einer vierzehigen Form, wo die Dimensionen der beiden Individuen nur wenig von einander abweichen — mit denen von Pleurosaurus ganz überraschend, lediglich die etwas größere Vorderextremität von Pleurosaurus gibt etwas abweichende Verhältniszahlen.

Wenn wir deshalb bei einem Lygosoma Peronii eine Rückenschuppenkamm beigefügt und die reduzierte Zehe ersetzt denken, dürften wir ein Miniaturbild unseres Pleurosaurus bekommen. Der kleine Acrosaurus[1] steht hinsichtlich der Körperlänge zwar nicht weit von L. Peronii entfernt, aber sein Kopf ist relativ größer, während derselbe bei der ersteren Art ca. $^1/_6$ und bei Pleurosaurus nur $^1/_7$ der Kopfrumpflänge mißt, beträgt dieses Maß bei Acrosaurus ca. $^1/_3$ der Kopfrumpflänge.

Uber die Lebensweise dieser rezenten, vergleichsweise angeführten Lacertilier entnahm ich aus Brehm[2], daß Gerrhonotus selbst niedere Büsche und schiefstehende Bäume erklettern kann und daß die Lygosomen im Gegensatz zu der Mehrzahl der Wühlechsen, die trockenen Boden, Sand, Geröll usw. bevorzugen, mehr Pflanzenwuchs aufweisende Ortlichkeiten lieben und auf kahlem Boden und Felsen nur ausnahmsweise vorkommen, vereinzelt aber auch Meeresstrandbewohner sind, die „wie Lygosoma nigrum, wenn sie verfolgt werden, nach Art unserer Bergeidechsen direkt dem Wasser zueilen und am Grunde weiter laufen." Einzelne Vertreter wie L. quoyi, eine langbeinige und langgeschwänzte Form,[3] sind sehr geschickt im Springen und Klettern, andere mehr langgestreckte und kurzbeinige Arten — dazu gehören jene in unserer Tabelle angeführten — sind zwar oberirdisch lebende, aber blindschleichenartige, bedächtige Tiere, von den fußlosen oder stummelbeinigen dürften diejenigen, die eine keilförmige Schnauze (die ja auch Pleurosaurus hat) haben, und auch noch manche andere, in der Erde grabend leben. Dazu erklärt mir Herr Prof. L. Müller, daß auch unter den kurz- und stummelbeinigen Lygosomen sich recht behende Vertreter befänden.

Diese an lebenden Formen von ähnlicher Körpergestalt gemachten Beobachtungen über die Lebensweise erlauben einen Rückschluß auf die wahrscheinlich ähn-

---

[1] Andreae l. c. S. 23.

[2] Brehms Tierleben. 4. Aufl., herausgegeben von Prof. Dr. z. Strassen. Lurche u. Kriechtiere. 2. Band. 1913. S. 110 und 200 etc.

[3] Boulenger l. c. III. S. 231. Die Zahl der präsakralen Wirbel : 26 und Caudalwirbel : 42 bei dieser Art sei vergleichsweise gegenüber Pleurosaurus : + 51 und 118—119 angeführt. Die Wirbelzahl ist Siebenrock (l. c. S. 25) entnommen.

liche von der Gattung Pleurosaurus und der Pleurosaurier überhaupt. Daß dabei unserem Pleurosaurus auch die Kunst des Kletterns und Wühlens nicht fremd war, dürfte auf Grund seiner charakteristischen, im Vorausgehenden wiederholt besprochenen Krallen, wahrscheinlich anzunehmen sein.

Leider konnte ich weder an dem vorliegenden Stück noch bei den übrigen Exemplaren von Pleurosaurus der Münchner Sammlung Spuren von aufgenommener Nahrung entdecken, so daß in dieser Hinsicht im Hinblick auf die recht verschiedene Ernährung der Lacertilier einige Zurückhaltung geboten ist.[1])

Herrn Prof. Dr. Janensch in Berlin verdanke ich wertvollen Aufschluß hinsichtlich des Originalstückes von Dames.

Bei meinem Vergleiche mit rezentem Material fand ich weitgehende Unterstützung durch Herrn Prof. L. Müller von der zoologischen Staatssammlung.

Herr Geheimrat Döderlein hatte die große Güte, die Photographien anzufertigen.

Allen Herren sei auch hier der beste Dank zum Ausdruck gebracht.

––––––––––––

[1]) Man vergleiche Brehm l. c. S. 5 und die sehr beachtenswerte Darstellung bei W e r n e r F., Amphibien u. Reptilien II. Naturwissenschaftl. Wegweiser, Ser. A., herausgegeben v. Prof. Dr. K. Lampert, Bd. XVI. Stuttgart. Strecker u. Schröder.

Tafel I.

Pleurosaurus Goldfussi H. v. M.

Fast vollständiges 1 m 52 cm langes Individuum aus den lithographischen Schiefern des oberen Malm (Zone der Oppelia lithographica = unteres Portland) von Sappenfeld bei Eichstätt. Ca. ³/₅ nat. Größe.

Tafel II.

Tafel II—IV das gleiche Individuum wie auf Tafel I.

Fig. 1.

Pleurosaurus Goldfussi H. v. M.

Schädeloberseite. Die Figur zeigt auf ausgezeichnete Weise die Schuppen. Der praeorbitale Abschnitt ist stark verdrückt und in der Mittellinie getrennt. In der rechten Nasenöffnung werden Zähne des Unterkiefers sichtbar.

N = Nasenöffnung. O = Auge. S = Schläfenöffnung. Fp = Foramen parietale. F = Frontale. Pof = Postorbitofrontale. P = Parietale. Bezüglich der Grenzen der einzelnen Schädelelemente vergleiche man die von Watson kopierte Figur im Text: Seite 6. S = Schuppen. Etwas mehr als 2 × vergrößert.

Fig. 2.

Pleurosaurus Goldfussi H. v. M.

Schädelunterseite, Hals und Schultergürtel.

Schädel: Bo = Basioccipitale. Bs = Basisphenoid. Mx = Maxillare mit Zähnen. Pt = Pterygoid. T ? = Transversum.

Unterkiefer: A = Articulare. Ag = Angulare. D = Dentale. PAg = Praeangulare. SAg = Supraangulare.

Zungenbein = H.

Wirbelsäule: At = Atlas. Ax = Epistropheus. 1, 2, 3, 4 = Intercentra. B ? = Ob. Bogen des Epistropheus. Ar = Rippe des Epistropheus. R = Halsrippen.

Schultergürtel: Cl = Clavicula. Co = Coracoid. E = Episternum. Fo = Fo. supracoracoideum. Sc = Scapula. St = Sternum (knorpelig).

Auf dem Längsschenkel des Episternums und auf dem Dentale sind die Grenzen von Schuppen erkennbar.

Ungefähr um ¹/₃ vergrößert.

Tafel III.

Fig. 1.

Pleurosaurus Goldfussi H. v. M.

Schultergürtel mit Extremitäten und vorderer Rumpfregion.

Auf dem Längsschenkel des Episternums ist deutlich die Grenze zweier benachbarter Schuppenreihen zu sehen. Man beachte an sämtlichen Fingern die kräftigen auf der Unterseite einen knopfartigen Höcker tragenden Krallen.

Die Wirbel sind mehr oder weniger von den Gastralia überdeckt.

Schultergürtel: Cl = Clavicula. Co = Coracoid. E = Episternum. Fo = Fo. supracoracoideum. Sc = Scapula. St = Sternum.

Vorderextremität: C = Carpalia. Ec = Foramen ectepicondyloideum. Et = Fo. entepicondyloideum. H = Humerus. R = Radius. U = Ulna. I—V = Metacarpalia. I^1—V^1 = Phalangen.

Wirbel: I = Intercentra. V = Wirbelkörper.

Rippen = R.

Gastralapparat: G^1 = Mittelstück, G^2 = Seitenstäbchen des Gastralbogens.

Ungefähr um $^1/_3$ vergrößert.

Fig. 2.

Pleurosaurus Goldfussi H. v. M.

Ausschnitt aus der Rumpfregion.

Die Wirbel sind mehr oder weniger von den Gastralia überdeckt.

I = Intercentra. V = Wirbelkörper. R = Rippen. VR = Ventrale knorpelige Abschnitte derselben. G_1 und G_2 = Mittelstück und Seitenstäbchen des Gastralbogens. Die letzteren lassen vereinzelt an ihrem distalen Ende eine knötchenartige Verdickung erkennen. X = Zusammengeballte Bruchstücke von Knochen und Schuppen, ? Coprolith.

Ungefähr um $^1/_3$ vergrößert.

Tafel IV.

Fig. 1.

Pleurosaurus Goldfussi H. v. M.

Becken und Hinterextremitäten und die vordere Schwanzregion. Durch das Becken und die linke Hinterextremität setzt eine Kluftfläche. Der Unterschenkel der linken Hinterextremität ist teilweise nach dem rechten ergänzt. Der gegenseitige Zusammenhang der getrennten Teile des linken Oberschenkels ist in Verkürzung (aus photographischen Gründen) punktiert angegeben.

Becken (linke Hälfte): Il = Ilium. Is = Ischium. Pb = Pubis. Von der rechten Hälfte ist lediglich ein Teil des Ilium erhalten.

Hinterextremität: F = Femur. Fi = Fibula. Fib = Fibulare. Ti = Tibia. Tib = Tibiale. I—V = die 5 Metatarsalia. I^1 = die erste Zehe. Man beachte die Krallenendphalange.

Wirbel: I = ? Ausgefallenes Intercentrum. Ub = Untere Bogen. V = Wirbelkörper. P = Querfortsatz (? Rippen) an den ersten Schwanzwirbeln. S 2 = 2. Sakralrippe.

Ungefähr um $^1/_3$ vergrößert.

Fig. 2.

Pleurosaurus Goldfussi H. v. M.

Stück der mittleren Schwanzregion mit deutlich erhaltenem Umriß der Weichteile.
Wirbel: V = Wirbelkörper. Sp = Dornfortsatz. Ub = Unterer Bogen.
Schuppen = S.
Ungefähr um $^1/_3$ vergrößert.

Tafel V.

Fig. 1.

Pleurosaurus sp. (Pleurosaurus Münsteri Wagner, Zittel det.) No. 1892. IV. 3 der
Münchner Sammlung. Lithographischer Schiefer. Kelheim.

Vergleichsweise abgebildete Reste der hinteren Schwanzwirbelsäule eines sehr gut erhaltenen Stückes.

Wirbelkörper = V. Sp = Dornfortsatz. Ub = Unterer Bogen. S = Sutur zwischen Ob. Bogen und Wirbelkörper.

Es ist deutlich zu sehen, wie die dorsale Querspange des unteren Bogens sich dicht dem Hinterrand des vorausgehenden Wirbels anlegt.

Ungefähr um $1/3$ vergrößert.

Fig. 2.

Fig. 1. Lygosoma Peroni Fitz. Albany. S. W. Australien.

Fig. 2. Gerrhonotus liocephalus Wiym. Mexiko.

Die beiden rezenten Vertreter aus der Familie der Anguidae bezw. Scincidae sind vergleichshalber wegen weitgehender Übereinstimmung der entsprechenden Körperproportionen mit unserem Pleurosaurus abgebildet worden.

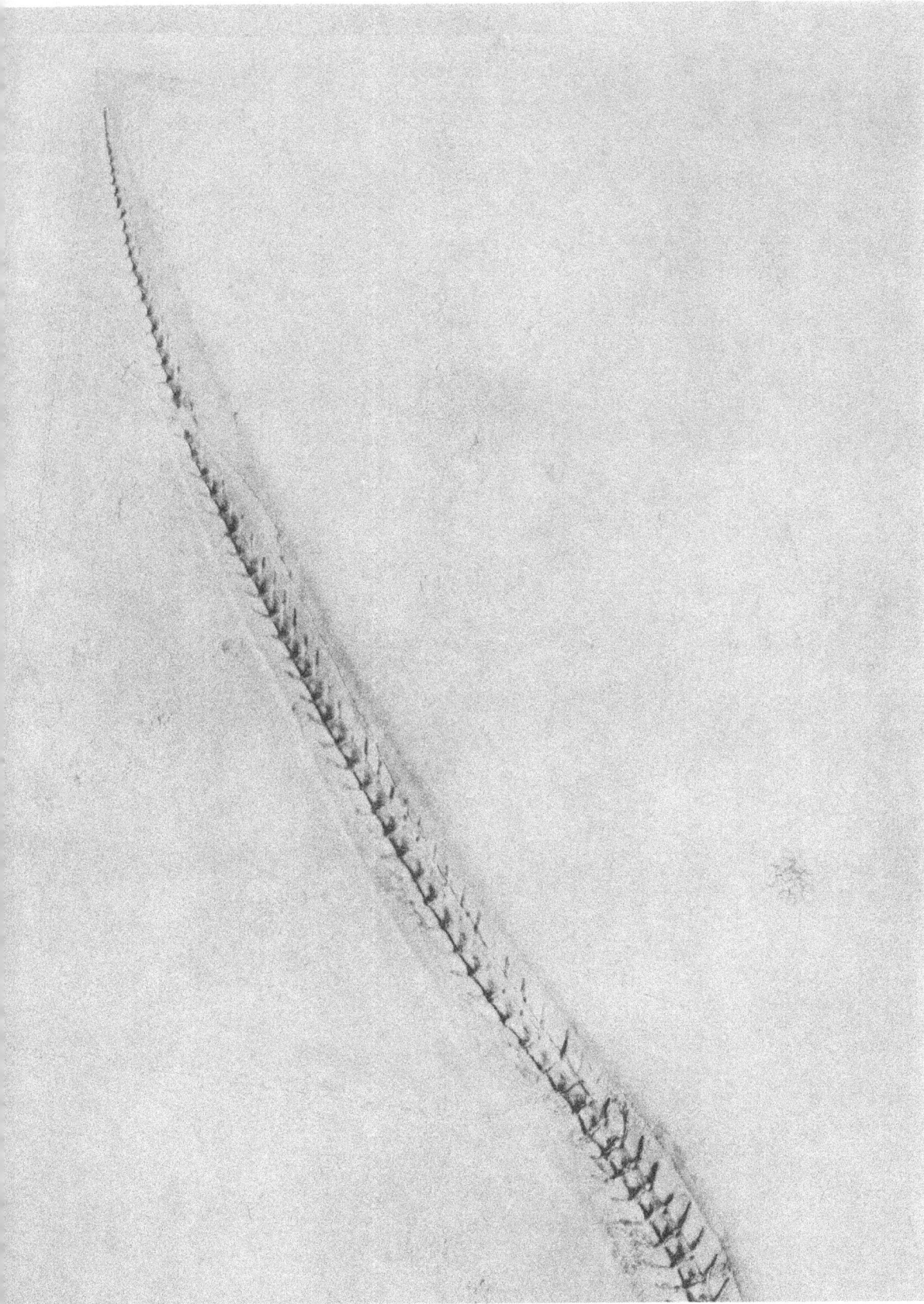

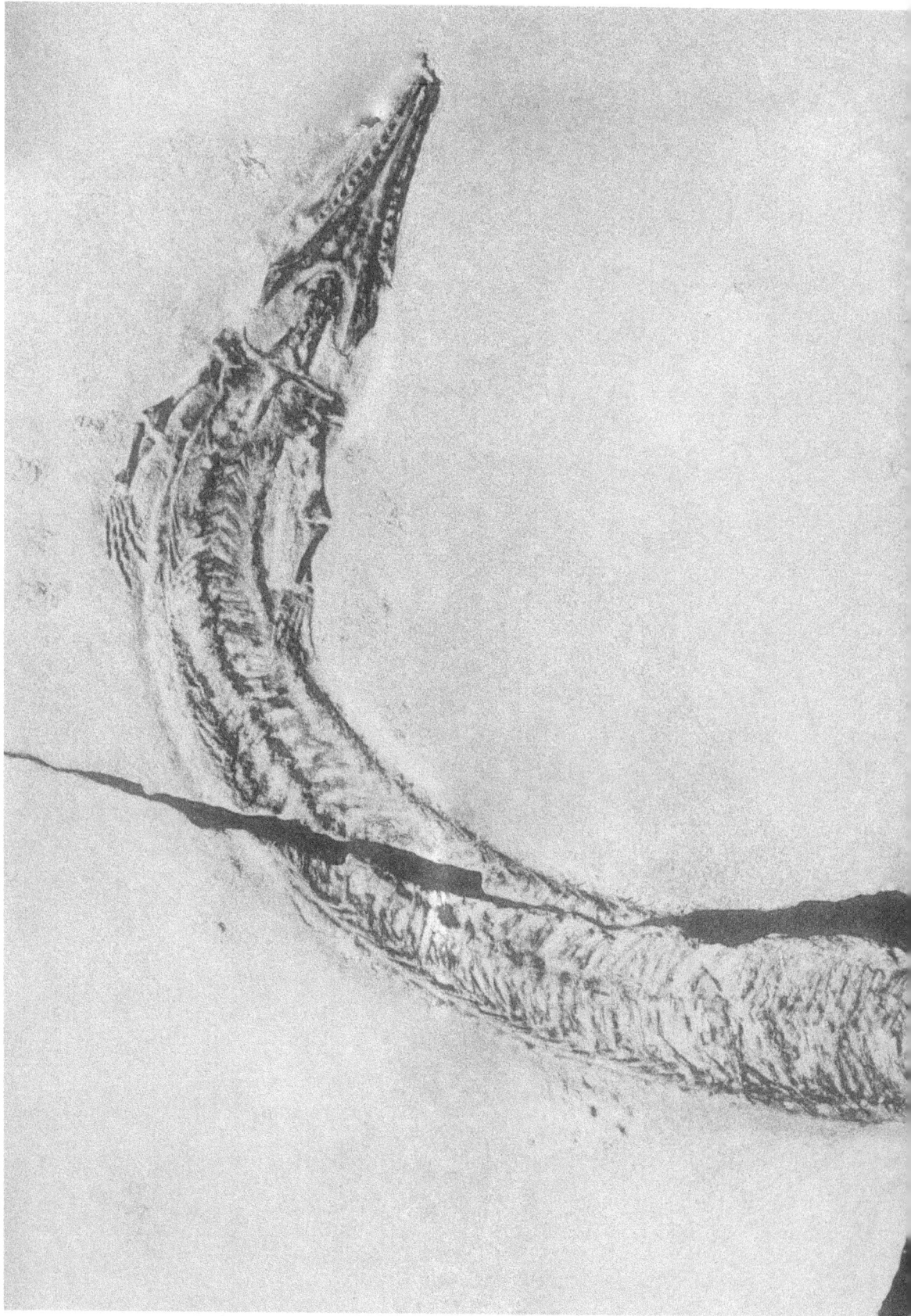

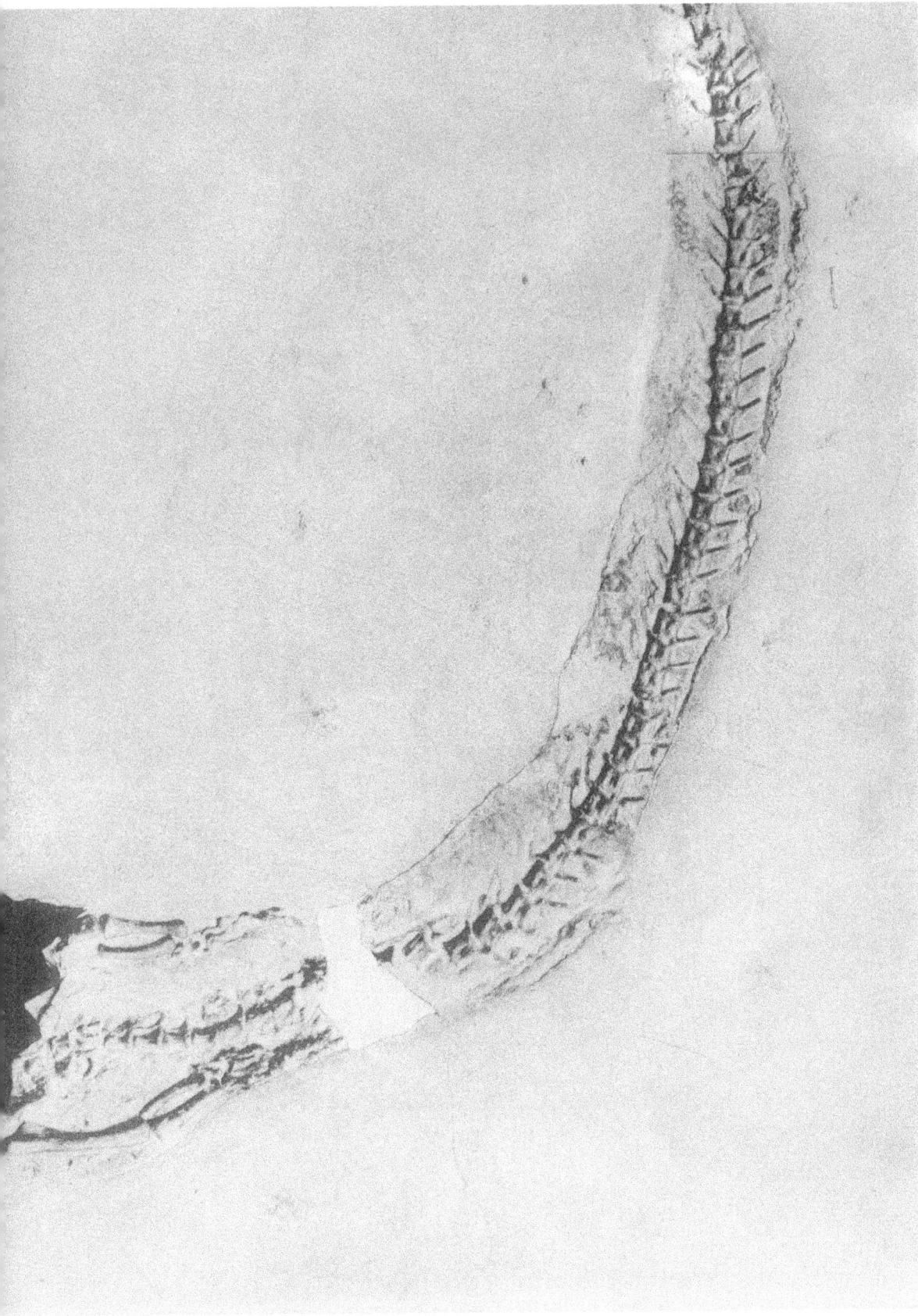

Lichtdruck: J. B. Obernetter, München.

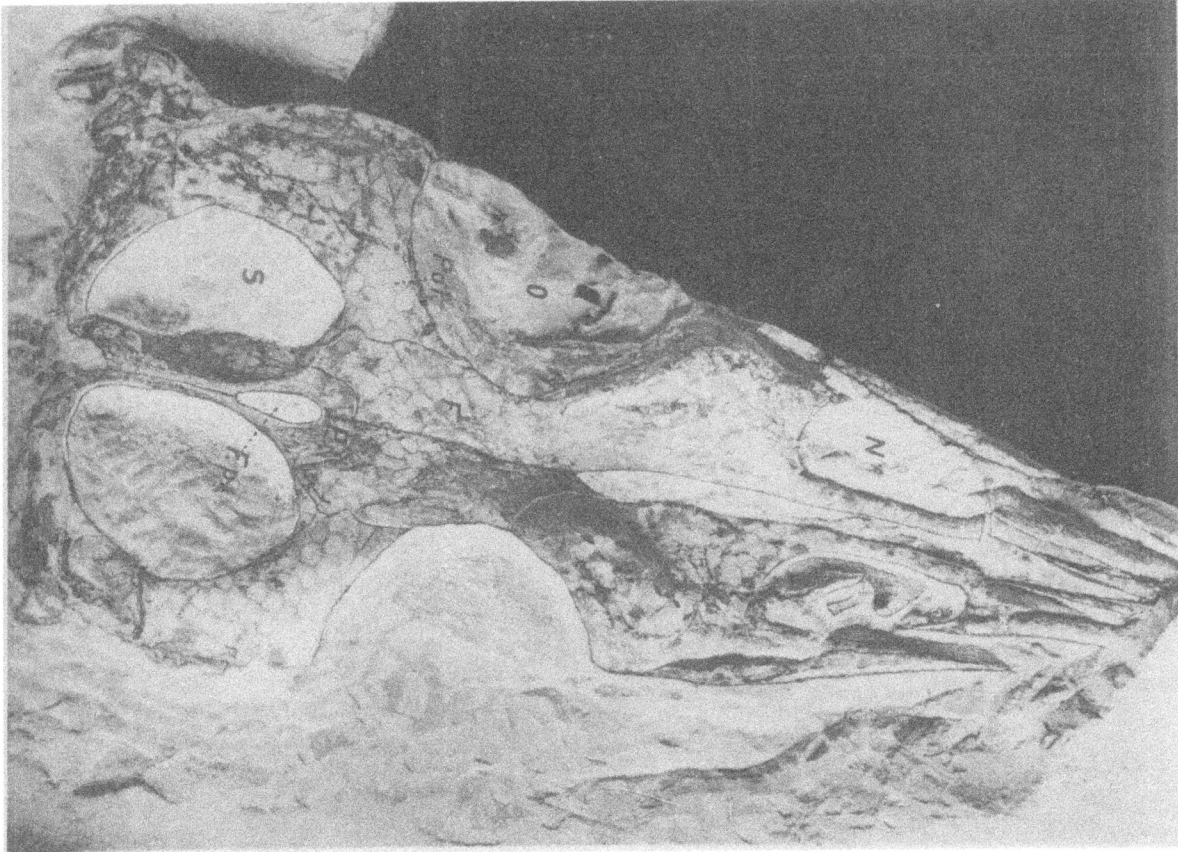

Fig. 1.

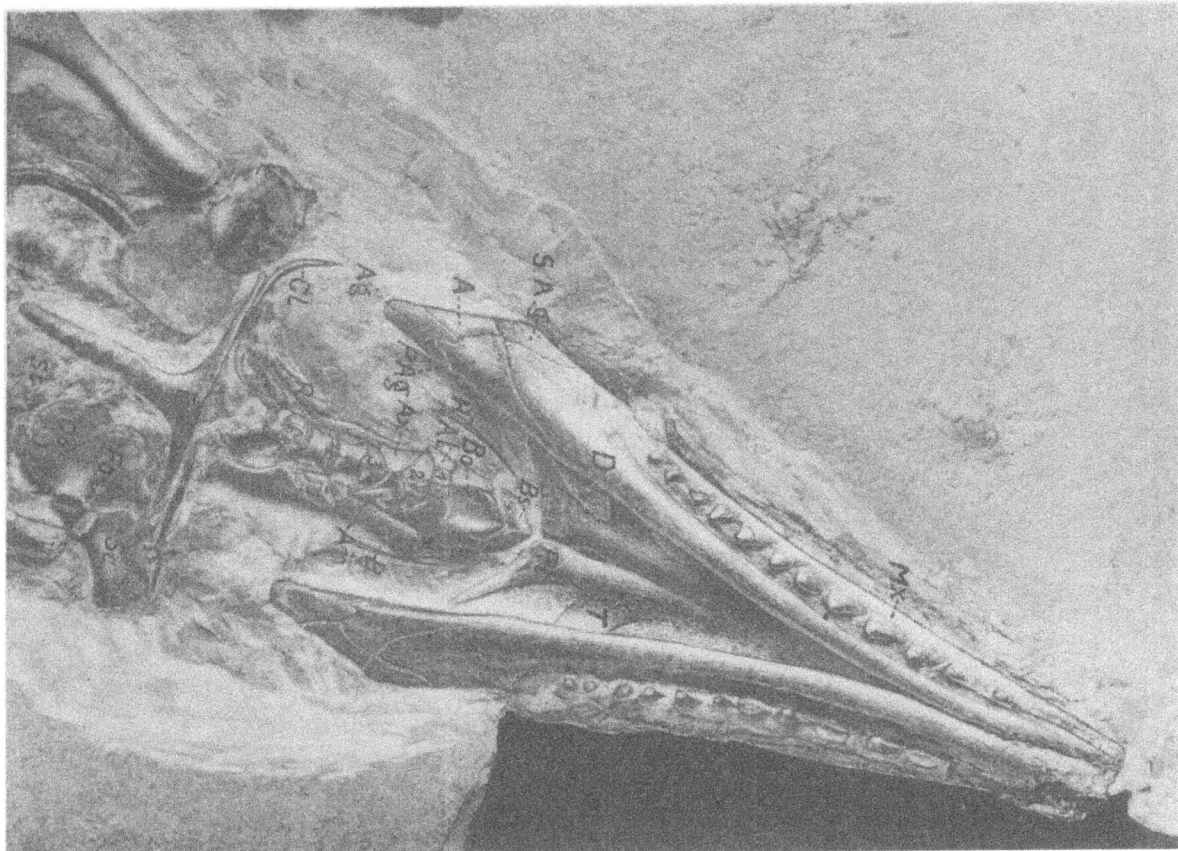

Fig. 2.

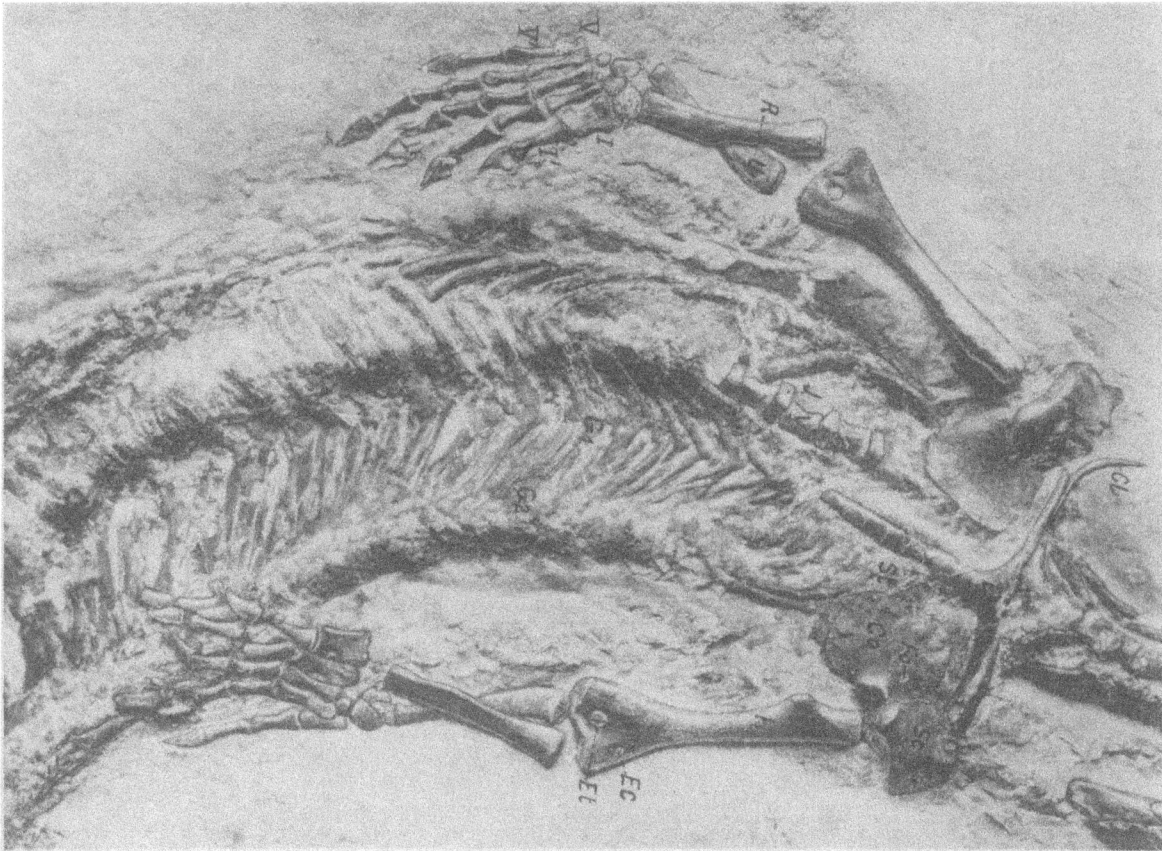

Fig. 1.

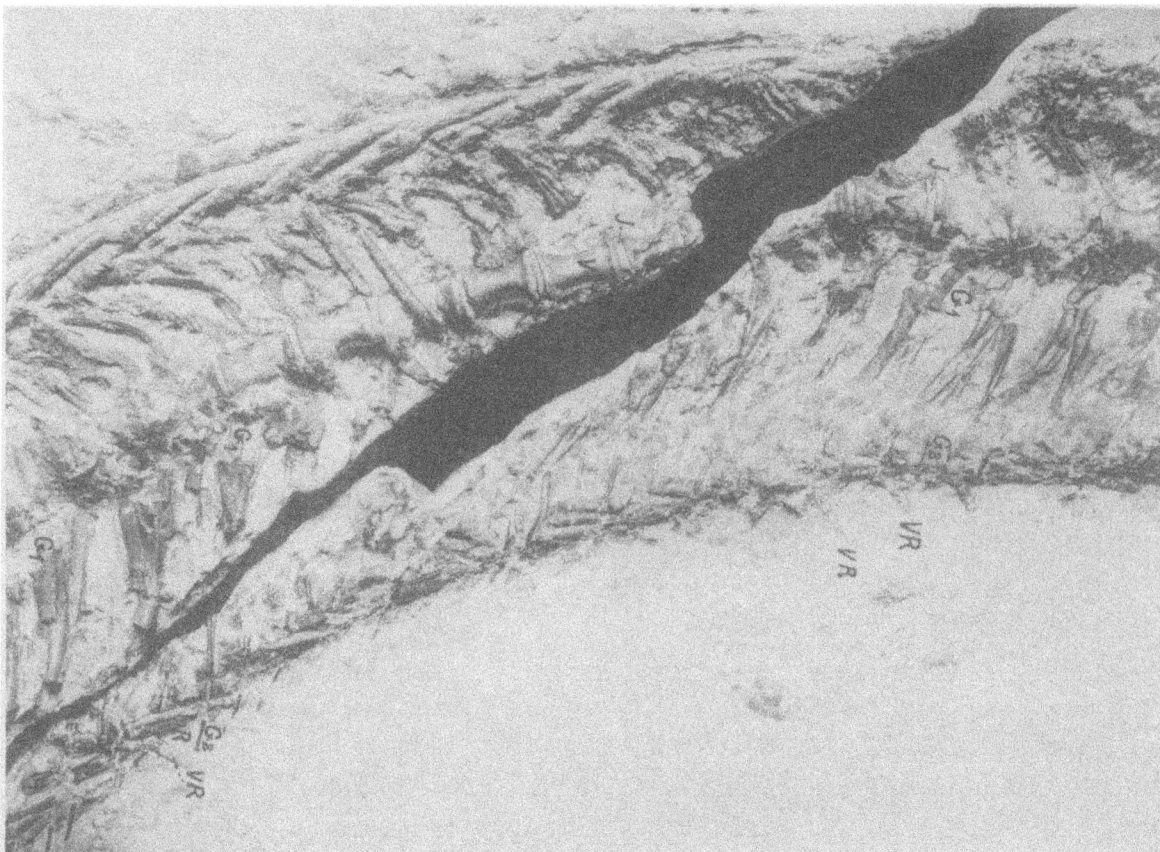

Fig. 2.

Lichtdruck: J. B. Obernetter, München.

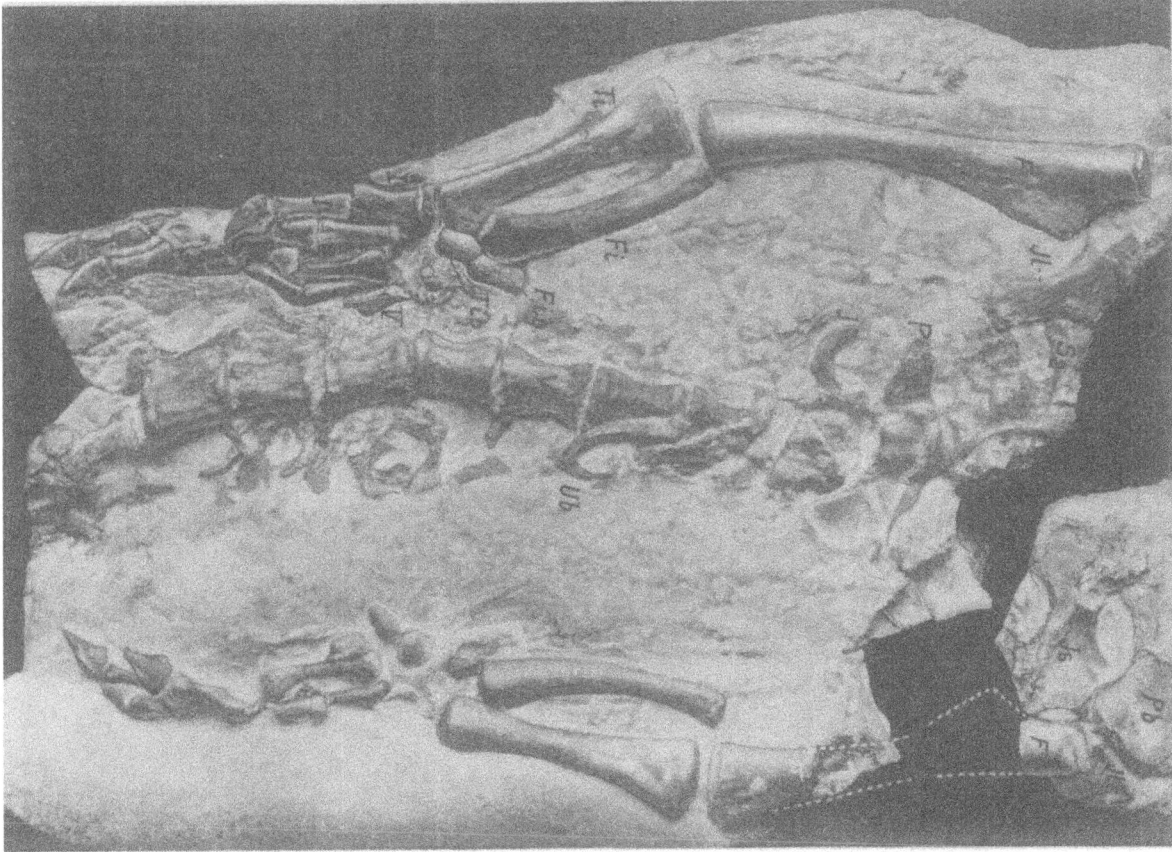

Fig. 1.

Fig. 2.

Lichtdruck: J. B. Obernetter, München.

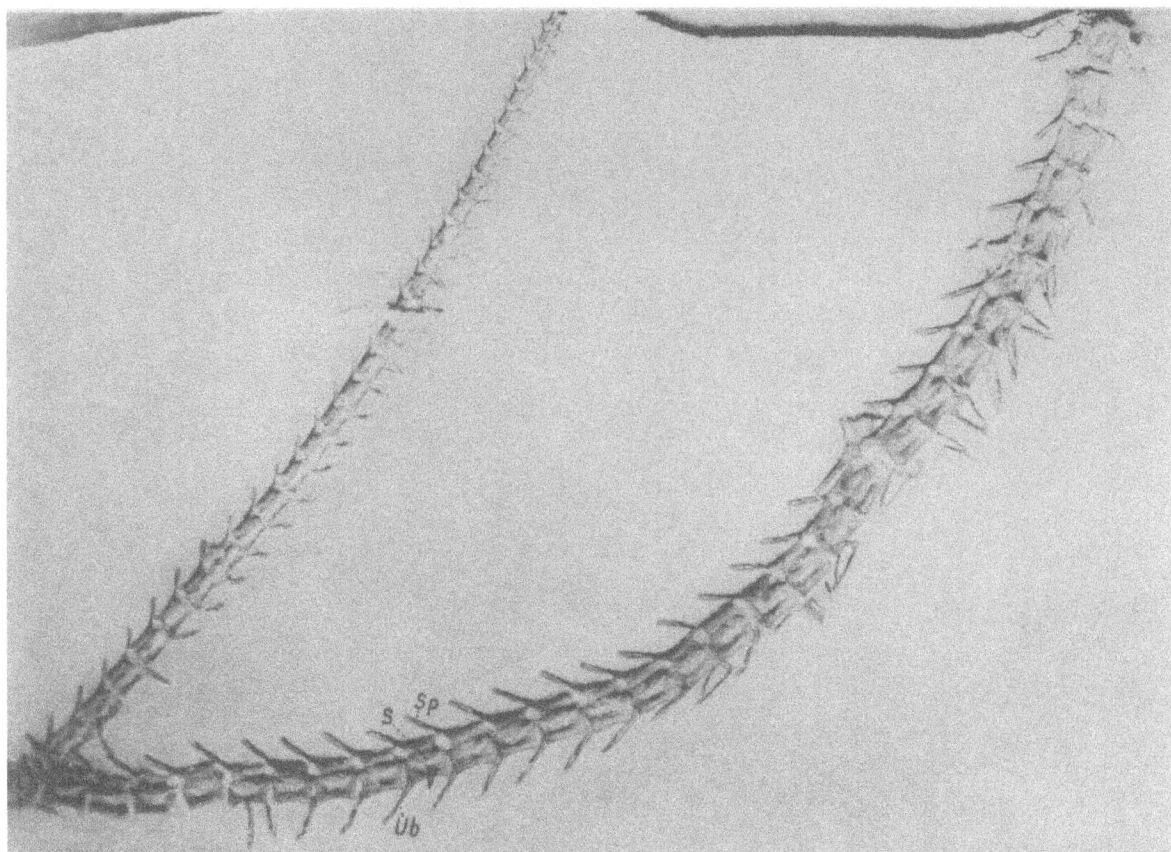

Fig. 1.

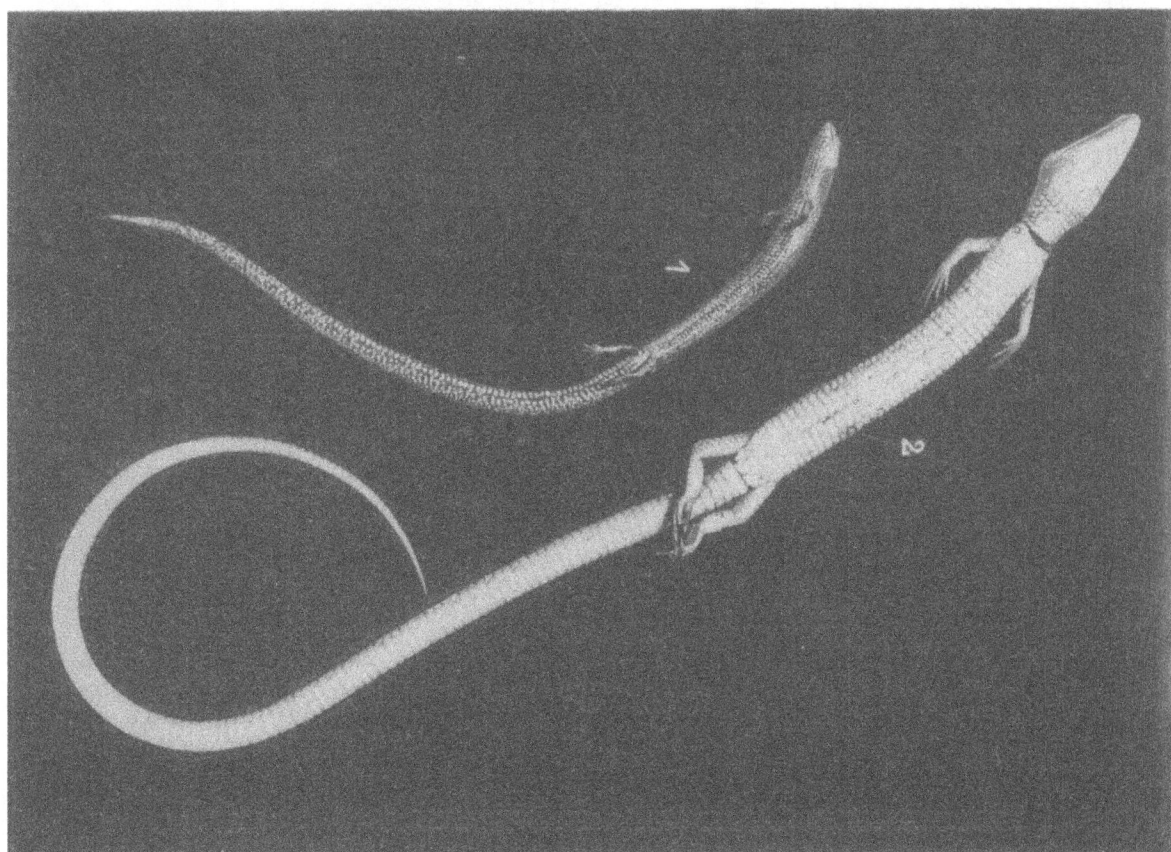

Fig. 2.

Lichtdruck: J. B. Obernetter, München.

www.ingramcontent.com/pod-product-compliance
Lightning Source LLC
Chambersburg PA
CBHW081429190326
41458CB00020B/6145